博碩文化

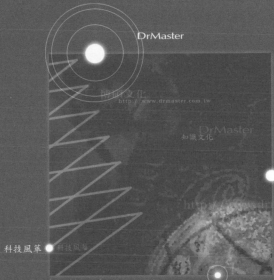

DrMaster

知識文化

科技風華

深度學習資訊新領域

http://www.drmaster.com.tw

● DrMaster

深度學習資訊新領域

 http://www.drmaster.com.tw

博碩文化

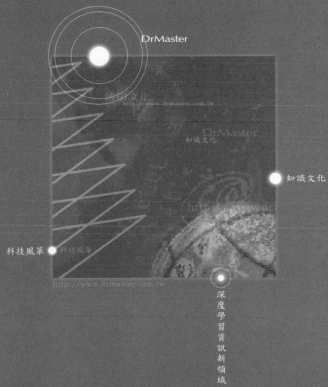

DrMaster

知識文化

科技風革

深度學習資訊新領域

http://www.drmaster.com.tw

● DrMaster

深度學習資訊新領域

http://www.drmaster.com.tw

元宇宙
技術革新關鍵

Kevin Chen（陳根）著

Ai 人工智慧如何成就新一波未來趨勢

Metaverse

博碩文化

作　　　者：Kevin Chen（陳根）
責任編輯：孫敬

董　事　長：陳來勝
總　編　輯：陳錦輝

出　　　版：博碩文化股份有限公司
地　　　址：221 新北市汐止區新台五路一段112號10樓A棟
　　　　　　電話(02) 2696-2869　傳真(02) 2696-2867

發　　　行：博碩文化股份有限公司
郵撥帳號：17484299　戶名：博碩文化股份有限公司
博碩網站：http://www.drmaster.com.tw
讀者服務信箱：dr26962869@gmail.com
讀者服務專線：(02) 2696-2869 分機 238、519
（周一至周五 09:30 ～ 12:00；13:30 ～ 17:00）

版　　　次：2022 年 3 月初版一刷

建 議 零 售 價：新台幣 500 元
I　S　B　N：978-626-333-014-6
法 律 顧 問：鳴權法律事務所 陳曉鳴律師

本書如有破損或裝訂錯誤，請寄回本公司更換

國家圖書館出版品預行編目資料

元宇宙技術革新關鍵：AI 人工智慧如何成就新一波未
來趨勢 / 陳根著 . -- 初版 . -- 新北市：博碩文化股份有
限公司 , 2022.02
　面；　公分
ISBN 978-626-333-014-6(平裝)

1.CST: 人工智慧

312.83　　　　　　　　　　　　　　　111000952

Printed in Taiwan

博 碩 粉 絲 團

歡迎團體訂購，另有優惠，請洽服務專線
(02) 2696-2869 分機 238、519

序言

全球新一輪科技革命和產業變革孕育興起，帶動了一眾數位技術加速演進，引領了數字經濟蓬勃發展，對各國科技、經濟、社會等產生深遠影響。人工智慧作為引領未來的前沿性、戰略性技術，正在全面重塑傳統行業發展模式、重建全球創新版圖和經濟結構。這也是自 Alpha Go 人機大戰重新掀起人工智慧熱潮以來，經歷了炒作與狂熱、泡沫褪去的艱難後，人工智慧再一次獲得的成功——人工智慧產業重心開始向「商業落地」轉變。

事實上許多人工智慧的能力已經超越人類，比如圍棋、德州撲克，比如證明數學定理；比如學習從海量資料中自動建立知識，辨識語音、臉孔、指紋，駕駛汽車，處理海量的檔案、物流和製造業的自動化操作；再比如機器人可以辨識和模擬人類情緒，可以充當陪伴和護理員。

過去幾年中，人工智慧開始寫新聞、搶獨家，經過海量資料訓練學會了辨識貓，IBM 超級電腦 Watson 戰勝了智力競賽兩任冠軍，Google 的 AlphaGo 戰勝了圍棋世界冠軍，波士頓動力的機器人 Atlas 學會了三級障礙跳。

在新冠疫情期間，人工智慧與產業的結合更是前所未有的緊密。在全球抗疫的背景下，人工智慧在醫療、城市治理、工業、非接觸服務等領域快速回應，從「雲端」落地，在疫情之中出演關鍵角色，提高了抗疫戰爭的整體效率。本次新冠肺炎疫情成為數位技術的試金石，智慧型機器

人充當醫護小助手，智慧測溫系統精准辨識發熱者，無人機代替民警、警察喊話，以及人工智慧輔助 CT 影像診斷等，人工智慧作為新一輪科技革命和產業變革的重要驅動力量，驗證了對社會的真正價值。人工智慧的應用也因此遍地開花，進入人類生活的各個領域。

在人工智慧商業落地加速的同時，美國、中國、歐盟、英國、德國、日本等紛紛從戰略上佈局人工智慧，加強頂層設計，成立專門機構統籌推進人工智慧戰略實施，正如俄羅斯總統普京公開表示的「人工智慧就是全人類的未來」，「它帶來了巨大的機遇，但同時也潛藏著難以預測的威脅。誰在人工智慧領域占了先，誰就會成為世界的統治者」。

從全球人工智慧國家戰略規劃發佈態勢來看，北美、東亞、西歐地區成為人工智慧最為活躍的地區。美國的人工智慧發展以軍事應用為先導，帶動科技產業發展，發展上以市場和需求為導向，注重通過高技術創新引領全球經濟發展，同時注重產品標準的制定。歐洲的人工智慧發展則注重科技研發創新環境，注重倫理和法律方面的規則制定，亞洲的人工智慧發展則以產業應用需求帶動人工智慧發展，注重產業規模和局部關鍵技術的研發。

中美在全球人工智慧的入局與佈局裡具有領先地位，近年來美國出臺了一系列政策、法案、促進措施。借助大量基礎創新成果，美國在腦科學、量子計算、通用 AI 等方面超前佈局，同時充分藉助矽谷強大優勢，

企業主導建立了完整的人工智慧產業鏈和生態圈，在人工智慧晶片、開源框架平臺、作業系統等基礎軟硬體領域實現全球領先。

中國則在應用層面發揮了自己的優勢。為搶抓人工智慧發展的重大戰略機遇，建立中國人工智慧發展的先發優勢，加速走向創新型國家和世界科技強國，國家重視引導人工智慧健康發展，相關部門重視推動人工智慧健康發展。中國人工智慧企業已在教育、醫療、新零售等領域實現廣泛佈局，而金融、醫療、零售、安防、教育、機器人等行業亦有為數較多的人工智慧企業參與競爭。

本書以人工智慧商業落地、全球競爭為大背景，文字表達通俗易懂、易於理解、富於趣味，內容上深入淺出、循序漸進，系統介紹了人工智慧發展的關鍵技術、應用領域和競爭格局：詳實地闡述人工智慧的基礎理論，建立人工智慧技術地圖，力求概念正確，讓讀者得以把握人工智慧發展之基礎，建立對人工智慧技術的認識；根據人工智慧實際應用現狀，盡可能吸收當前國際和國內最新的人工智慧應用成果，對當前應用存在的障礙進行分析，客觀反應人工智慧領域當前的發展水準；並對人工智慧未來的應用、發展和競爭有更多的展望，人工智慧改變人類過往既定生活的認知，衝擊國際競爭格局和態勢，全球人工智慧領域的競爭白熱化才剛開始。

人工智慧不僅是當今時代的科技標籤，它是元宇宙的基礎載體，它所引導的科技變革更雕刻著這個時代，想要把握這個時代，首先應該認識這個時代。

陳根
2022 年 2 月 11 於香港

目錄

CHAPTER **03**　　**人工智慧走向廣泛應用**

CHAPTER **04**　　**人工智慧連接元宇宙**

CHAPTER 07　　進擊的巨頭

CHAPTER **08**　　**大國博弈，競合與治理**

CHAPTER

01

人工智慧風起雲湧

1.1 ▸ 人工智慧三起兩落

或許你已經感受到，人工智慧這個概念越來越頻繁地被提起。網路上及書中對人工智慧技術的更新和研發成果日新月異，人工智慧從一個過去僅限於專業實驗室的學術名詞，轉變為網際網路時代的科技熱點。

但你我可能還沒有注意到，人工智慧帶來的變化已經在我們身邊悄然出現，你打開的新聞是人工智慧做的演算法推薦；網路購物，首頁顯示的是人工智慧為你推薦最有可能感興趣、最有可能購買的商品。人工智慧在生活許多細節為人們提供著前所未有的便利，這些細節變化背後的技術進步，一點都不比機器能在棋盤上戰勝人類冠軍來得更小。

然而作為電腦科學的分支，人工智慧的誕生不過短短 70 年歷史，這 70 年伴隨了幾代人的成長，也在這 70 年內經歷跌宕和學術門閥之爭、經歷混亂困惑和層巒疊嶂般的迷思，人工智慧的發展應用起起落落之後，未來人工智慧將走向怎樣的遠方？

想要理解現今人工智慧的發展並預見未來，可以從回溯歷史開始。

🖱 從古老想像到走進現實

「人工智慧」雖然是一個現代性的專業名詞，但是人類對人造機械智慧的想像與思考卻是源遠流長。

在古代的神話傳說中，技藝高超的工匠可以製作人造人，並賦予其智慧或意識，如希臘神話中出現了赫淮斯托斯的黃金機器人和皮格馬利翁的伽拉忒亞這樣的機械人和人造人；根據列子輯注的《列子‧湯問》記載，中國西周時期也已經出現了偃師造人的故事；猶太人傳說中有具有生命形式的泥人；印度傳說中，守衛佛祖舍利子製造了機器人武士（模仿古希臘羅馬自動人形機的設計）。

地球上第一個行走的機器人叫塔洛斯，是個銅製的巨人，大約 2500 多年前在希臘克里特島降生在匠神赫淮斯托斯的鐵匠鋪。據荷馬史詩《伊利亞特》描述，塔洛斯當年在特洛伊戰爭中負責守衛克里特，諸神飲宴時有會動的機械三足鼎伺候。

埃德利安‧梅耶（Adrienne Mayor）在《諸神與機器人》（Gods and Robots）甚至把希臘古城亞歷山大港稱為最初的矽谷，因為那裡曾經是無數機器人的家園。

古老的機器人雖然跟現在一般意義上的人工智慧風馬牛不相及，但這些嘗試都體現了人類複製、模擬自身的夢想。

法國索邦大學電腦學教授讓 - 加布裡埃爾‧迦納西亞（Jean-Gabriel Ganascia）認為，古代神話中人形物體被賦予生命，與今天人們想像和擔憂的「通用人工智慧」，即具有超級智慧的機器，多屬於想像而不是科學現實，至少目前如此。

人類對人工智慧的憑空幻想階段一直持續到了 20 世紀 40 年代。

由於第二次世界大戰交戰各國對計算能力、通訊能力在軍事應用上迫切的需求，使得這些領域的研究成為人類科學的主要發展方向。資訊科學的出現和電腦的發明，讓一批學者得以真正開始嚴肅地探討設計人工機械智慧的可能性。

1935 年春天的劍橋大學國王學院，年僅 23 歲的圖靈第一次接觸到德國數學家大衛·希爾伯特（David Hilbert）23 個世紀問題中的第十個問題：「能否透過機械化運算過程來判定整係數方程是否存在整數解？」

圖靈清楚地意識到，解決這一問題的關鍵在於對「機械化運算」的嚴格定義。考究希爾伯特的原意，這個詞大概意味著「依照一定有限的步驟，無需計算者靈感就能完成的計算」，這在沒有智慧型電腦的當時已經稱得上富含想像力又不失精準的定義。但圖靈的想法更為單純，機械計算就是一台機器可以完成的計算，用今天的術語來說，機械計算的實質就是演算法。

1936 年，圖靈在倫敦權威的數學雜誌上發表了劃時代的重要論文《論可計算數及其在判斷問題上的應用》，一腳踢開了圖靈機的大門。

1950 年，圖靈再次發表了論文《電腦機械與智慧》，首次提出了對人工智慧的評價準則，即聞名世界的「圖靈測試」。圖靈測試是在測試者與被測試者（一個人和一台機器）隔開的情況下，由測試者透過一些裝置向被測試者隨意提問，如果經過 5 分鐘的交流後，

如果有超過 30% 的測試者不能區分出哪個是人、哪個是機器的回答，那麼這台機器就通過了測試，並被認為具有人類水準的智慧。

本質上説，圖靈測試從行為主義的角度對智慧重新定義，它將智慧歸納至符號運算的智慧表現中，而忽略了實現這種符號其智慧表現的機器內涵，它將智慧限定為對人類行為的模仿能力，判斷力、創造性等人類思想獨有的特質，則必然無法被納入圖靈測試的範疇。

但無論圖靈測試存在怎樣的缺陷，它都是一項偉大的嘗試，白此人工智慧具備了必要的理論基礎，開始踏上科學舞臺，並以其獨特的魅力傾倒眾生，帶給人類關於自身、宇宙和未來的無盡思考。

1956 年 8 月，在美國達特茅斯學院中，約翰‧麥卡錫（John McCarthy，LISP 語言創始人）、馬文‧閔斯基（Marvin Minsky，人工智慧與認知學專家）、克勞德‧向農（Claude Shannon，資訊理論的創始人）、艾倫‧紐厄爾（Allen Newell，電腦科學家）、赫伯特‧西蒙（Herbert Simon，諾貝爾經濟學獎得主）等科學家聚在一起，討論著一項不食人間煙火的主題：用機器來模仿人類學習以及其他方面的智慧，這樣就是著名的達特矛斯會議。

該次會議足足開了兩個月的時間，討論的內容包含了自動化電腦、程式設計語言、人工神經網路、計算複雜性理論、自我學習（機器人學習）、抽象概念和隨機性及創造性，雖然大家沒有達成普遍的共識，但卻將會議討論的內容概括出一個名詞：人工智慧。

1956 年也因此成為人工智慧元年，世界由此變化。

 一起一落和再起又落

達特矛斯會議之後的數年是人工智慧大發現的時代，對許多人而言這一階段開發出的程式堪稱神奇：電腦可以解決代數應用題、證明幾何定理，學習和使用英語。

當時大多數人幾乎無法相信機器能夠如此「智慧」，1961 年世界第一款工業機器人 Unimate 在美國紐澤西的通用電氣工廠實際試用。1966 年第一台能移動的機器人 Shakey 問世，就是那個會抽煙的機器人，跟 Shakey 同年出生的還有伊莉莎。

1966 年問世的伊莉莎（Eliza）可以視為今天亞馬遜語音助手 Alexa、Google 助理和蘋果語音助手 Siri 們的祖母，「她」沒有人形、沒有聲音，就是一個簡單的機器人程式，透過人工編寫的 DOCTOR 外掛跟人類進行類似心理諮詢的交談。

伊莉莎問世時，機器解決問題和釋義語音語言的苗頭已經初露端倪，但是抽象思維、自我認知和自然語言處理功能等人類智慧對機器來說還遙不可及。

但這並不能阻擋研究者們對人工智慧的美好願景與樂觀情緒，當時的科學家們認為具有完全智慧的機器將在二十年內出現，當時對人工智慧的研究幾乎是無條件的支持，時任 ARPA 主任的 Joseph Carl Robnett Licklider 相信他的組織應該是「資助人，而不是專案」，並且允許研究者去做任何感興趣的方向。

但是好景不長，人工智慧的第一個寒冬很快到來。

70 年代初，人工智慧開始遭遇批評，即使是最傑出的人工智慧程式也只能解決它們嘗試解決的問題中最簡單的一部分，也就是說所有的人工智慧程式都只是「玩具」，人工智慧研究者們遭遇了無法克服的基礎性障礙。

隨之而來的還有資金上的困難，人工智慧研究者們對其課題的難度未能作出正確判斷：此前過於樂觀使人們期望過高，當承諾無法兌現時，對人工智慧的資助就縮減或取消了。由於缺乏進展，對人工智慧提供資助的機構（如英國政府，DARPA 和 NRC）對無方向的人工智慧研究逐漸停止了資助。

美國國家科學委員會（National Research Council，NRC）在撥款二千萬美元後停止資助，1973 年詹姆斯．萊特希爾爵士（Sir James Lighthill）針對英國人工智慧研究狀況的報告，批評了人工智慧在實現其「宏偉目標」上的完全失敗，並導致了英國人工智慧研究的低潮，DARPA 則對 CMU 的語音理解研究專案深感失望，進而取消了每年三百萬美元的資助，到了 1974 年已經很難再找到對人工智慧專案的資助。

當人類進入到 80 年代時，人工智慧的低潮出現了轉機，一類名為「專家系統」的人工智慧程式開始被全世界的公司所採納，專家系統能夠依據一組從專門知識中推演出的邏輯規則，在某一特定領域回答或解決問題。

1965 年起設計的 Dendral 能夠根據分光計讀數分辨混合物，1972 年設計的 MYCIN 能夠診斷血液傳染病，準確率 69%，而專科醫生

是 80%。1978 年，用於電腦銷售過程中為顧客自動配置零部件的專家系統 XCON 誕生，XCON 是第一個投入商用的人工智慧專家，也是當時最成功的一款。

人工智慧再一次獲得了成功，1981 年日本經濟產業省撥款八億五千萬美元支援第五代電腦專案，其目標是造出能夠與人對話、語言翻譯、圖像分析，並且能像人一樣推理的機器。

有鑒於此成功案例，間接帶動其他國家紛紛響應，1984 年英國開始了耗資三億五千萬英鎊的 Alvey 工程，美國一個企業協會組織了微電子與電腦技術集團（Microelectronics and Computer Technology Corporation，MCC），向人工智慧和資訊技術的大規模專案提供資助，DARPA 也行動起來，組織了戰略計算促進會（Strategic Computing Initiative），其 1988 年向人工智慧的投資是 1984 年的三倍。

歷史總是驚人的相似，人工智慧再次遭遇寒冬。

「人工智慧之冬」一詞由經歷過 1974 年經費削減的研究者們創造出來，他們注意到了對專家系統的狂熱追捧，預計不久後人們將轉向失望，事實被他們不幸言中：從 80 年代末到 90 年代初，AI 再一次遭遇了一系列財政問題。

變天的最早徵兆是 1987 年 AI 硬體市場需求的突然直下，Apple 和 IBM 生產的桌上型電腦性能不斷提升，到 1987 年時其性能已經超過了 Symbolics 公司和其他廠家生產的昂貴 Lisp 機，老產品失去了存在的理由：一夜之間這個價值五億美元的產業土崩瓦解。

 人工智慧時代興起

「實現人類水準的智慧」這一最初的夢想曾在 60 年代令全世界為之著迷，其失敗的原因至今仍眾說紛紜，最終在各種因素的影響下將人工智慧拆分為各自為政的幾個子領域，有時候它們甚至會用新名詞來掩飾「人工智慧」這塊被玷污的金字招牌。

如今，已年過半百的 AI 終於實現了它最初的一些目標，現在人工智慧比以往的任何時候都更加謹慎，卻也更加成功。

不可否認人工智慧的許多能力已經超越人類，比如圍棋、德州撲克、證明數學定理、從海量資料中自動建立知識、辨識語音、面孔、指紋、駕駛汽車、處理海量的檔案、物流和製造業的自動化操作等。

機器人可以辨識和模擬人類情緒，可以充當陪伴和照護員了，人工智慧的應用也因此遍地開花，進入人類生活的各個領域。

人工智慧的深度學習和強化學習成了時代強音，一個普遍認同的說法是，2012 年的 ImageNet 年度挑戰開啟了這一輪人工智慧復興浪潮，ImageNet 是為視覺認知軟體研究而設計建立的大型視覺資料庫，由華裔人工智慧科學家李飛飛 2007 年發起，ImageNet 把深度學習和大數據推到前台，也使大量投資資金湧入。

過去 10 年中，人工智慧開始寫新聞、搶獨家，經過海量資料訓練學會了辨識寵物，IBM 超級電腦沃森戰勝了智力競賽兩任冠軍，Google 的 AlphaGo 戰勝了圍棋世界冠軍，波士頓動力的機器人

Atlas 學會了三級障礙跳。在 2020 年的疫情期間人工智慧更是實際落實醫療援助，智慧型機器人充當醫護小助手、智慧測溫系統精準辨識發熱者、無人機代替民警巡查喊話，以及人工智慧輔助 CT 影像診斷等。

究其原因，人工智慧技術的商業化離不開晶片處理能力的提升、雲端服務普及以及硬體價格下降的並行。

海量訓練資料以及 GPU（Graphics Processing Units）所提供的強大高效平行計算促進了人工智慧的廣泛應用，用 GPU 來訓練深度神經網路所使用的訓練集更大、所耗費的時間大幅縮短，佔用的資料中心基礎設施更少。

GPU 還被用於運行機器學習訓練模型，以便在雲端進行分類和預測，進而讓耗費功率更低、在佔用基礎設施更少的情況下能夠支援遠比從前更大的資料量和輸送量，與單純使用 CPU（Central Processing Units）的做法相比，GPU 具有數以千計的計算核心、可實現 10-100 倍的輸送量。

同時人工智慧晶片價格和尺寸也不斷下降和縮小，2020 年全球的晶片價格比 2014 年下降 70% 左右，隨著大數據技術的不斷提升，人工智慧賴以學習的標記資料獲得成本下降，對資料的處理速度大幅提升。物聯網和電信技術的持續反覆運算又為人工智慧技術的發展提供了基礎設施，2020 年接入物聯網的設備將增加至 500 億台，代表電信發展里程的 5G 的發展將為人工智慧的發展提供最快 1Gbps 的資訊傳送速率。

這一切，無不昭示著我們正迎來的時代——人工智慧時代。

1.2 ⇥ 人工智慧需求勃興

人工智慧政策的加速推進落實，根本目標在於形成人工智慧的繁榮市場，也依賴於市場需求和供給各方面所具備的資源稟賦。從需求角度來看，不論是 C 端用戶需求，B 端企業需求，還是 G 端政府需求，市場對人工智慧技術都表現出極大興趣。

C 端需求

從 C 端用戶的需求來看，人工智慧解決的是與人相關的健康、娛樂、出遊等生活場景中的痛點，人的需求會隨著社會的發展水準不斷升級，人工智慧的出現正契合了人們對於智慧化生活的需求。

當前中國人口老齡化趨勢加重，智慧化升級已迫在眉睫，上世紀末中國進入高齡化社會，從 2000 年到 2018 年，60 歲及以上老年人口從 1.26 億增加到 2.49 億，老年人口佔比從 10.2% 上升到17.9%，提升幅度是世界平均水準的 2 倍多，且未來很長一段時期，高齡化的趨勢還將持續下去。隨著人口高齡化帶來的勞動力資源短缺以及勞動力成本的增加，將會對中國經濟和社會發展產生一定阻力。

2019 年底，中國國務院正式印發的《國家積極應人口老齡化中長期規劃》明確指出，充分發揮科技創新「領頭羊」的效果，把技術創新作為積極應對人口高齡化第一動力和戰略支撐。利用人工智慧、機器人等作為勞動力替代及新興技術來應對勞動力人口減少的

挑戰，使產業智慧化升級，用科技手段從衝擊經濟的人口高齡化問題，進一步改革這些不利影響是必須的。

此外人工智慧在教育、醫療等民生服務領域應用廣泛，服務模式不斷創新、服務產品日益優化，進而讓創新型智慧服務體系逐步成形。在醫療方面，人工智慧不斷提升醫療水準，尤其是在新冠肺炎疫情期間，人工智慧在疫情監測、疾病診斷、藥物研發等方面發揮了重要作用。在教育方面，人工智慧的應用加快了開放靈活的教育體系的建設工作，能夠實現因材施教，推動個人化教育發展，進一步促進公平教育和教育品質提升。

⬤ B 端需求

從 B 端需求來看，企業對於效率提升的需求旺盛，而人工智慧可以顯著提高效率，因為 B 端應用場景和需求比較明確，讓人工智慧在各行業滲透速度加快。

以網路為代表的數位經濟，是過去 20 多年中國經濟高速發展最鮮明的組成。根據 CNNIC 的報告，截至 2020 年 3 月，中國網民規模為 9.04 億，網路普及率達 64.5%，使用者規模已連續 13 年佔據世界首位，衣食住行各方面不斷網路化。根據騰訊研究院《數位中國指數報告 2019》測算，2018 年中國數位經濟佔 GDP 的比重已達 33.22%，為中國經濟發展做出了巨大貢獻，然而近年來隨著網路普及，網民整體增速在巨大的基數下已經較為緩慢，原先靠人口紅利實現快速增長的模式，面臨結構和品質轉型升級的挑戰。

人工智慧、大數據和雲端計算等新技術推動的「計算變革」，有望在網路「連接變革」之後帶動新的創新發展，一方面在海量網路連結基礎上，這些智慧技術應用能夠進一步降低成本、提升連接和各類線上的服務品質和效率，創造新的應用和服務場景等，更有效地滿足市場的個人化需求，擴大經濟高品質增長的空間；另一方面，這些新技術本身的規模發展，也將形成新的高科技產業生態，吸引資本、人才等資源向新領域聚集，進而推動經濟結構向高品質發展領域轉型，最終完成智慧經濟、智慧城市的升級。

 G 端需求

從 G 端政府對人工智慧的需求來看，數位政府建設勢在必行，數位政府的第一階段是垂直業務系統資訊化階段，在這個階段，數位政府的關注焦點是為了使用者的方便和節約成本，整體的生態系統是仍以政府為中心，技術的焦點是服務導向的結構，政府雖在線上提供服務，但服務模式卻是被動的。

垂直業務系統資訊化階段也可以說是電子化政府階段，從組織方面來看，主要是由政府的 IT 部門主導、技術團隊負責執行，衡量績效的主要指標是線上服務比例，即透過移動設施提供服務比例、整合服務比例以及電子化管道的應用。

數位政府的第二階段將過度至開放政府階段，在開放政府階段政府服務的模式轉向積極主動，數位系統以公民為中心，顧客官方網站更加成熟，整體的生態系統呈現共同創造服務，生態系統面向能夠從開放資料獲利的外部社會。

技術的焦點轉向 API（應用程式設計發展介面）驅動的結構，主要關注於開發和管理 API，以支援結合大數據。領導力則來自資料的驅動，衡量績效的主要指標是開放資料庫的數目以及建立在開放資料上 APP 的數量。

人工智慧切入政府關注民生、提升職能部門辦事效率等多方面的需求，以便快速落實應用，讓政府服務效率提升帶動新一輪城市發展動力。

藉由人工智慧，未來的數位政府必然走向智慧階段，在智慧階段政府將運用公開資料和人工智慧等數位技術，實現數位創新的過程，可預見的是智慧政府服務模式將是前瞻性的，具有可預測性，服務以及互動可以透過各種接觸點進行，互動的步調因為政府預測需求的能力和預防突發事件的能力大幅成長。

綜合而言，C 端使用者重視體驗和產品，且需求相對多樣複雜；B 端和 G 端更注重效率提升且需求明確，但 C 端、B 端和 G 端都表現出了對人工智慧的旺盛需求，這為人工智慧的發展添加了動力。

1.3 ▸ 人工智慧驅動新一輪科技革命

從狩獵時代到農業時代，人類經歷了從打獵技術向耕種技術的跳躍式革命，200 多年前，蒸汽機的發明代替了牛、馬的動力，英國的工業革命開啟工業化之路，在此之後電力的出現帶動了電氣化革命。

在這個過程中，伴隨著生產力的不斷提升，新生產工具、新勞動主體、新生產要素不斷湧現，人類逐漸建立起認識世界、改造世界的新模式，使人類文明得以發展，生產力作為人類征服和改造自然的客觀物質力量，則是一個時代發展水準的集中體現。

釋放資料生產力

生產力一詞由法國重農學派創始人魁奈在 18 世紀中期最先提出，強調土地和人口對於累積財富的作用，隨後英國經濟學家亞當‧斯密認為，生產力相當於勞動生產率，不斷細化的分工是其得以持續提升的根源，同為英國經濟學家的李嘉圖則認為生產力是各種不同因素的「自然力」，資本、土地、勞動都具有生產力。

德國經濟學家李斯特在 1841 年首次提出生產力理論的基本框架，馬克思則系統建立和闡述了生產力的理論體系，並在經典著作《資本論》中提出了生產力三要素，即勞動者、勞動資料和勞動對象。

勞動者是指具有一定勞動技能和生產經驗、用體力和腦力參與社會生產過程的人；勞動資料是指勞動者用以作用於勞動對象的物體或物質條件，以生產工具為主；勞動對象是指生產過程中被改造的物體，包括直接從自然界獲取的資源和經過加工得到的原材料。

勞動者作為生產力中最活躍的一塊，在人類社會的不同發展階段，勞動者自身生產活動的特徵、勞動者的結構及人與自然關係等方面都發生了巨大變化。

在農業社會，人類透過繁重的體力勞動對土地資源進行有限開發以解決溫飽和生存問題，進入工業社會，機器的出現則把勞動者從繁重的體力勞動中解放出來。資訊技術革命帶來了智慧工具的大規模普及，使得人類改造和認識世界的能力和水準站到了一個新的歷史高度，不僅大量繁重的體力勞動被機器替代，資料生產力更是替代了大量重複性的腦力工作，於是人類可以用更少的勞動時間，創造更多的物質財富。

其中，勞動資料和勞動對象又被統稱為生產資料，只有同勞動者結合才能產生作用，正是人的勞動引起、調整和控制人與自然之間的物質交換過程。此外生產工具的地位尤為突出，反映了人類改造自然的深度和廣度，是衡量生產力發展水準和經濟發展階段的客觀標誌。

從生產資料來看，馬克思曾經指出「各種經濟時代的區別，不在於生產什麼，而在於怎樣生產，用什麼勞動資料生產」。因此以勞動工具為主的勞動資料成為劃分社會形態的基本標準之一，也是生產力在社會形態上投影的集中代表。

從「刀耕火種」到「鐵犁牛耕」，再到「機器代替人工」，2017年，中國國家主席習近平總書記指出，「在網際網路經濟時代，資料是新的生產要素，是基礎性資源和戰略性資源，也是重要生產力」，在數位時代下，資料生產力的三要素，即勞動者、勞動資料和勞動對象同時面臨著巨大改變。

人工智慧雕刻科技新時代

20 世紀後期，隨著以人工智慧為代表的資訊技術發展，人類社會改變的工具也開始發生革命性的變化，其中最重要的標誌是數位技術使勞動工具智慧化。

智慧工具成為資訊社會典型的生產工具，並對資訊資料等勞動對象進行採集、傳輸、處理、執行，如果説工業社會的勞動工具解決了人四肢的有效延伸問題，資訊社會的勞動工具與勞動對象的結合則解決了人腦的局限性問題，是人類增加和擴展智力功能、解放人類智力勞動的革命。

如今人工智慧已成為新一輪科技革命和產業變革的重要驅動力量，其發揮作用的廣度和深度堪比歷次工業革命，人工智慧是當前科技革命的制高點，以智慧化的方式廣泛聯結各領域知識與技術能力，釋放科技革命和產業變革積蓄的巨大能量，成為全球科技戰的爭奪焦點。

正如工業革命給人類帶來的前所未有的變化——工業革命反映到勞動生產率上，人均的勞動生產率在過去僅僅兩百年左右的時間裡提升了 10 倍，要知道在這之前將近三千年左右的時間裡，勞動生產率幾乎沒有什麼改變。

工業革命用能源加機械替代了人的體能，工業革命之後，人類改造世界不再靠體力而是靠技能，勞動力發生了巨大的變化，可以說現代社會勞動力約有 90% 都是從事技能勞動的，不論是司機、廚師或者是服務人員，都是依靠技能進行勞動的。

隨著人工智慧的智慧革命不斷深入，將替代掉幾乎所有的技能勞動，並以創新替換之。人工智慧時代，有創新精神並創造出新產品、新服務或新商業模式人才能成為市場的主要支配力量，在未來 15 年內，人工智慧和自動化技術將聯代 40-50% 崗位，同時也帶來效率的提升。

在工業製造領域，人工智慧技術將深度賦能工業機器，將會帶來生產效率和品質的極大提升。採用人工智慧視覺檢測代替工人來辨識工件缺漏，帶來的益處包括：辨識精度，基於圖像數位化，可以達到微米級的精度；無情緒影響，可以長時間保持穩定工作；檢測速度，毫秒級就能完成檢測任務。

當前，世界主要發達國家分別把發展人工智慧作為提升國家競爭力的主要推手，努力在新一輪國際科技競爭中掌握主導權，圍繞基礎研發、資源開放、人才培養、公司合作等方面強化部署。

人工智慧不僅是當今時代的科技標籤，它所引導的科技變革更是在雕刻著這個時代。

CHAPTER

02

人工智慧技術地圖

2.1 ▸ 機器學習

 機器學習是人類學習的模仿

機器學習是催生近年來人工智慧發展熱潮的最重要技術，作為人工智慧的一個分支，機器學習也是人工智慧的一種實現方法，從廣義上來說，機器學習是一種能夠賦予機器學習的能力，讓它完成程式設計無法滿足的功能。但從實踐的角度來看，機器學習是一種利用資料、訓練出模型，然後使用模型預測的一種方法。

早在 1950 年，圖靈在關於圖靈測試的文章中就已提及機器學習的概念。

1952 年 IBM 的亞瑟‧撒母耳（Arthur Samuel，被譽為「機器學習之父」）設計了一款可以學習的西洋棋程式，它能夠透過觀察棋子的走位來創造新的模型，用以提高自己的下棋技巧。撒母耳和這個程式進行多場對弈後發現，隨著時間的推移，程式的棋藝變得越來越好。撒母耳用這個程式推翻了以往「機器無法超越人類，不能像人一樣寫程式和學習」這個傳統見解，並在 1956 年正式提出「機器學習」的概念，亞瑟‧撒母耳認為：「機器學習是在不直接針對問題進行程式設計的情況下，賦予電腦學習能力的一個研究領域」。

有著「全球機器學習教父」之稱的 Tom Mitchell 則將機器學習定義為：對於某類任務 T 和性能度量 P，如果電腦程式在 T 上以 P 衡量的性能隨著經驗 E 而自我完善，就稱這個電腦程式從經驗 E 學習。

如今隨著時間的變遷，機器學習的內容和延伸在不斷的變化，普遍認為機器學習（Machine Learning，ML）的處理系統和演算法，主要透過找出資料裡隱藏的模式進而做出預測的辨識模式，是人工智慧的一個重要子領域。同時機器學習也是一門多領域交叉學科，涉及機率論、統計學、逼近理論、凸分析、演算法複雜度理論等多門學科。

機器學習專門研究電腦如何類比或實現人類的學習行為，以獲取新的知識或技能，重新組織已有的知識結構使之不斷改善自身的性能，機器學習從樣本資料中學習得到知識和規律，並用於實際的推斷和決策，其和普通程式的一個顯著區別就是需要樣本資料，是一種資料驅動的方法。

機器學習與人類經驗的成長有異曲同工之妙，我們知道人類絕大部分智慧獲得也是需要透過後天的訓練與學習，而不是天生具有，在沒有認知能力的嬰幼兒時期，成長過程中嬰孩從外界環境不斷得到資訊，對大腦形成刺激，進而建立起認知的能力。

要給孩子建立「蘋果」、「香蕉」這樣抽象概念，需要反覆提及這樣的詞彙並將實物與之對應，經過長期訓練孩子的大腦中，才能夠形成「蘋果」、「香蕉」這些抽象概念和知識，並將這些概念運用於眼睛看到的世界。

人類在成長、生活過程中累積了很多的歷史與經驗，並定期地對這些經驗進行「歸納」，獲得了生活的「規律」，當遇到未知的問題或者需要對未來進行「推測」的時候，人類使用這些「規律」，對未知問題與未來進行「推測」，進而引導自己的生活和工作。

機器學習就採用了類似的思路，比如要讓人工智慧程式具有辨識圖像的能力，首先就要收集大量的樣本圖像，並標明這些圖像的類別，是香蕉、蘋果，或者其他物體，然後送給演算法進行學習（訓練），訓練完成之後得到一個模型，這個模型是從這些樣本中總結歸納得到的知識，隨後就可以用這個模型來對新的圖像進行識別。

機器學習中的「訓練」與「預測」過程可以對應到人類的「歸納」和「推測」過程，由此可見機器學習的思想並不複雜，其原理僅是對人類在生活中學習成長的一個模擬。由於機器學習不是程式設計形成的結果，因此它的處理過程不是因果的邏輯，而是透過歸納思想得出的相關性結論。

機器學習走向深度學習

機器學習是人工智慧（artificial intelligence）研究發展到一定階段的必然產物，二十世紀五十年代到七十年代初，人工智慧研究處於「推理期」，那時人們以為只要能賦予機器邏輯推理能力，機器就能具有智慧。

這階段的代表性工作主要有 A. Newell 和 H. Simon 的「邏輯理論家」（Logic Theorist）程式以及此後的「通用問題求解」（General Problem Solving）程式等，這些工作在當時取得了令人振奮的結果，像是「邏輯理論家」程式在 1952 年證明了著名數學家羅素和懷海德的名著《數學原理》中的 38 條定理，在 1963 年證明了全部 52 條定理。特別值得一提的是，定理 2.85 甚至比羅素和懷海德證明得更巧妙，A. Newell 和 H. Simon 也正因為這方面的工作獲得了 1975 年圖靈獎。

隨著研究向前發展，人們逐漸意識到，僅具有邏輯推理能力是遠遠實現不了人工智慧的，Edward Albert Feigenbaum 等人認為要使機器具有智慧，就必須設法使機器擁有知識，在這個階段機器學習開始萌芽。

1952 年，IBM 科學家亞瑟‧撒母耳（Arthur Samuel）開發的西洋跳棋程式，推翻了以往「機器無法超越人類，不能像人一樣撰寫代碼和學習這一傳統認識」，像人類一樣寫程式和學習的模式，他創造了「機器學習」這個術語，並將它定義為：「可以提供電腦能力而無需顯式程式設計的研究領域」。

但由於人工智慧大環境的降溫，從 60 年代中到 70 年代末，機器學習的發展步伐幾乎處於停滯狀態，無論是理論研究還是電腦硬體限制，全人工智慧領域的發展都遇到了很大的瓶頸。雖然這個時期溫斯頓（Winston）的結構學習系統和海斯‧羅思（Hayes Roth）的邏輯歸納學習系統取得較大的進展，但只能學習單一概念，而且未能投入實際應用，而人工神經網路學習理論的缺陷，也未能達到預期效果而漸入低潮。

進入 20 世紀 80 年代以後，機器學習進入重振時期，1981 年韋伯斯在人工神經網路反向傳播（BP）演算法中具體提出多層感知機模型，這也讓 BP 演算法仕 1970 年以「自動微分的反向模型（reverse mode of automatic differentiation）」為名提出來後真正發揮效用，並且直到今天 BP 演算法仍然是人工神經網路架構的關鍵因素。

在新思想迭起下，人工神經網路的研究再一次加速，在 1985-1986 年人工神經網路研究人員相繼提出了使用 BP 演算法訓練的多參數線性規劃（MLP）的理念，成為後來深度學習的基石。

在另一個譜系中，1986 年昆蘭提出了「決策樹」機器學習演算法，即 ID3 演算法，在 ID3 演算法提出來以後，目前現有的工具中（如 ID4、回歸樹、CART 演算法等），至今仍活躍於機器學習領域中。

支援向量機（SVM）的出現是機器學習領域的另一項重大突破，其演算法具有非常強大的理論地位和實證結果，與此同時機器學習研究也分為神經網路（Neural Network，NN）和 SVM 兩派。在 2000 年左右提出了核函數的支援向量機後，SVM 在許多以前由 NN 主導的任務中獲得了更好的效果，另外 SVM 相對於 NN 還能利用所有關於凸優化、邊際效益和核函數的深厚知識，因此 SVM 可以從不同的學科中大力推動理論和實踐的改進。

2006 年人工神經網路研究領域領銜者 Hinton 提出了人工神經網路 Deep Learning 演算法，讓人工神經網路能力大幅提升，並挑戰支援向量機。2006 年 Hinton 和其 Ruslan Salakhutdinov 在頂刊《Science》上的一篇文章，正式開啟了深度學習在學術界和工業界的浪潮，2015 年為紀念人工智慧概念提出 60 周年，Yann LeCun、Yoshua Bengio 和 Geoffrey Everest Hinton 推出了深度學習的聯合綜述。

深度學習可以讓那些深度學習模型來學習具有多層次抽象的資料呈現，這些方法在許多方面都帶來了顯著的改善，深度學習的出現，讓圖像、語音等感知類問題取得了真正意義上的突破，離實際應用已如此之近，將人工智慧推進到一個新時代。

從發展到應用

在過去二十年中，人類蒐集、儲存、傳輸、處理資料的能力飛躍提升，人類社會各個角落都累積了大量資料，極需有效對資料進行分析利用的演算法，機器學習恰恰順應了大時代的這個迫切需求，因此該學科領域很自然地取得巨大發展、並廣泛受到關注。

在電腦科學的諸多分支學科領域中，無論是多媒體、圖形學，還是網路通訊、軟體工程，甚至到體制結構、晶片設計，都能找到機器學習的身影，尤其是在電腦視覺、自然語言處理等「電腦應用技術」領域，機器學習已成為最重要的技術進步源頭之一。

機器學習還為許多跨領域專業提供了重要的技術支撐，像是生物資訊學試圖利用資訊技術來研究生命現象和規律，生物資訊學研究涉及「生命現象」到「發現規律」的整個過程，其中包含資料獲取、資料管理、資料分析、模擬實驗等環節，而「資料分析」讓機器學習大放異彩。

可以説，機器學習是統計分析時代向大數據時代不可或缺的核心發展，是挖掘這一大新世代變革的推手，比如在基礎應用領域，環境監測、能源探勘、天氣預報等基礎應用領域，透過機器學習，加強

傳統的資料分析效率，提高預報與檢查的準確性；再如銷售分析、圖像分析、庫存管理、成本管控以及推薦系統等商業應用領域。

機器學習讓即時回應、反覆運算更新的個人化推薦變得更為輕鬆，進一步滲透至人們生活的各個面向。

Google、百度等網際網路搜尋引擎巨幅地改變了人們的生活方式，網際網路時代的人們習慣在出門前透過網路搜尋來瞭解目的地資訊、尋找合適的酒店、餐廳等，其體現正是機器學習技術對於社會生活的賦能。從另一個角度來看，網際網路搜尋是透過分析網路上的資料來找到使用者所需的資訊，在這個過程中，用戶查詢是輸入、搜尋結果是輸出，要建立輸入與輸出之間的聯繫，內核必然需要機器學習技術，可以說網際網路搜尋發展至今，機器學習技術的支撐居功至偉。

如今搜尋的物品、內容日趨複雜，機器學習技術的影響更為明顯，在進行「圖片搜尋」時，無論 Google 還是百度都在使用最新潮的機器學習技術，Google、百度、臉書、雅虎等公司紛紛成立專攻機器學習技術的研究團隊，甚至直接以機器學習技術命名的研究院，充分體現出機器學習技術的發展和應用，甚至在一定程度上影響了網際網路產業的走向。

最後，除了機器學習成為智慧資料分析技術的創新泉源外，機器學習研究還有另一個不可忽視的意義，即透過建立一些學習的計算模型來促進人們理解「人類如何學習」。在二十世紀八十年代中期，Pentti Kanerva 提出 SDM（Spare Distributed Memory）模型，當

時，Kanerva 並沒有刻意模仿人腦生理結構，但後來神經科學的研究發現，SDM 的稀疏代碼機制在視覺、聽覺、嗅覺功能的腦皮層中廣泛存在，進而為理解腦的某些功能提供了一定的啟發。

自然科學研究的驅動力總結來説，是人類對宇宙起源、萬物本質、生命本性、自我意識的好奇，而「人類如何學習」無疑是一個有關自我意識的重大問題，從這個意義上説，機器學習不僅在資訊科學中佔有重要地位，還具有一定的自然科學探索色彩。

2.1 ▸ 電腦視覺

人工智慧的雙眼

作為智慧世界的雙眼，電腦視覺是人工智慧技術裡的一大分支，電腦視覺透過類比人類視覺系統，賦予電腦「看」和「認知」的能力，是電腦認識人類世界的基礎。確切地説電腦視覺技術是利用了攝影機，以及電腦代替人眼擁有的分割、分類、辨識、追蹤、判別決策等功能，並建立在 2D 平面圖或者 3D 的三維立體圖片的資料中，以獲取所需要的「資訊」的一系列人工智慧系統。

電腦視覺利用影像系統代替視覺器官作為輸入手段，利用視覺控制系統代替大腦皮層和大腦的剩餘部分，完成對視覺圖像的處理和解釋，讓電腦自動完成對外部世界的視覺資訊的偵測、做出相應判斷並採取行動、實現更複雜的指令決策和自主行動。作為人工智慧最前瞻的領域之一，視覺類技術是人工智慧企業的佈局重點，佔有相當大的技術格局。

電腦視覺技術是一門包括了電腦科學與工程、人工神經生理學、物理學、訊號處理、認知科學、應用數學與統計等多門科學學科的綜合性科學技術。由於電腦視覺技術系統在基於高性能的電腦基礎，其能夠快速的獲取大量資料、資訊並基於智慧演算法快速進行資訊處理，也易於相同資訊的加工和控制。其本身也包括了諸多不同的研究方向，比如物體辨識和檢測（Object Detection），語義分割（Semantic Segmentation），運動和追蹤（Motion & Tracking），視覺問答（Visual Question& Answering）。

與電腦視覺概念相關的另一專業術語是機器視覺，機器視覺是電腦視覺在工業場景中的應用，目的是替代傳統的人工、提高生產率、降低生產成本。機器視覺與電腦視覺側重有所不同，電腦視覺主要是對質的分析，如物品分類辨識，而機器視覺主要側重對量的分析，如測量或定位。電腦視覺的應用場景相對複雜，辨識物體類型多、形狀不規則、規律性不強，然而機器視覺則剛好相反，場景相對簡單固定、辨識類型少、規則且有規律，但對準確度、處理速度要求較高。

電腦視覺發展脈絡

在電腦視覺 40 多年的發展中，人們提出了大量的理論和方法，總體來看，可分為三個主要歷程，即瑪律計算視覺、多視幾何與分層三維重建和基於學習的視覺。

1982 年馬爾（David Marr）在其《Vision》一書中提出的視覺計算理論和方法，意謂著電腦視覺成為了一門獨立的學科。

馬爾計算視覺理論包含二個主要觀點：首先他認為人類視覺的主要功能是復原三維場景的可見幾何表面，即三維重建問題；其次，馬爾認為這種從二維圖像到三維幾何結構的復原過程是可以透過計算完成的，並提出了一套完整的計算理論和方法。因此，馬爾視覺計算理論在一些文獻中也被稱為三維重建理論。

馬爾認為視覺計算，是從二維圖像復原物體的三維結構，並涉及三個不同的層次。首先是計算理論層次，也就是說，需要使用何種類型的約束來完成這一過程，馬爾認為合理的約束是場景固有的性質在影像過程中對圖像形成的約束。其次是表達和演算法層次，也就是說如何來具體計算。最後是實現層次，馬爾對表達和演算法層次進行了詳細討論。

馬爾分析從二維圖像恢復三維物體，經歷了三個主要步驟，即圖像初始略圖（sketch）物體到 2.5 維描述，再到物體 3 維描述。其中，初始略圖是指高斯拉普拉斯濾波圖像中的過零點（zero-crossing）、短線段、端點等基元特徵，物體 2.5 維描述是指在觀測者坐標系下對物體形狀的一些粗略描述，如物體的法向量等。物體 3 維描述是指在物體自身坐標系下對物體的描述，如球體以球心為座標原點的表述。

馬爾計算視覺理論在電腦視覺領域的影響是深遠的，他所提出的層次化三維重建框架，至今是電腦視覺中的主流方法。

80 年代開始，電腦視覺掀起了全球性的研究熱潮，方法理論反覆運算更新，主要受益於二個因素：一方面，瞄準的應用領域從精度和

穩健度要求太高的「工業應用」轉到要求不太高，特別是僅僅需要「視覺效果」的應用領域，如遠端視訊會議（teleconference）、考古、虛擬實境、影片監控等。另一方面人們發現，多視幾何理論下的分層三維重建能有效提高三維重建的穩健度和精密度，在這一階段 OCR 和智慧攝影機問世，並進一步讓電腦視覺相關技術被廣泛的傳播與應用。

80 年代中期，電腦視覺已經獲得了迅速發展，主動視覺理論框架、基於偵測特定群體辨識理論框架等新概念、新方法、新理論不斷湧現。

90 年代電腦視覺開始在工業環境廣泛的被應用，同時基於多視幾何的視覺理論也在迅速發展。90 年代初視覺公司成立，並開發出第一代影像處理產品，然後電腦視覺相關技術就被不斷地投入到生產製造過程中，使得電腦視覺領域迅速擴張，上百家企業開始大量銷售電腦視覺系統，造就電腦視覺產業逐漸成形。在這一階段，感應器及控制結構等的迅速發展，進一步加速電腦視覺行業的進步，並使得產業界的生產成本逐步降低。

進入 21 世紀，電腦視覺與電腦圖形學的相互影響日益加深，圖片的繪製成為研究熱點，高效求解複雜全域優化問題的演算法得到發展。更高速的 3D 視覺掃描系統和熱影像系統逐步問世，電腦視覺的軟硬體產品擴大到生產製造的各個階段，應用領域也不斷擴大。電腦視覺作為人工智慧的底層產業及電子、汽車等行業的上游行業，仍處於高速發展階段，具有良好的發展前景。

電腦視覺的廣泛應用

電腦視覺是新型基礎設施中的重要組成部分，2018 年電腦視覺技術佔中國人工智慧市場規模的 34.9%，位居第一，在投融資規模中更是一枝獨秀。隨著近幾年技術的不斷成熟，中國電腦視覺市場得到快速增長，艾媒資料顯示 2018 年中國電腦視覺市場規模為 155 億元，較 2017 年增多了 87 億元，複合成長率超過 100%。

電腦視覺產業的發展受到市場與技術的雙重驅動。

從市場驅動來看，隨著人口紅利的消失以及人類生理能力的局限性，機器取代人的過程不斷在進行，並帶來巨大的經濟效益。以工業機器視覺系統為例，在發達國家一台典型的 10000 美元的工業機器視覺系統可替代 3 個年工資在 20000 美元左右的工人，投入回收期非常短、後續維護費用低，具備明顯的經濟性。

如今我們已然進入影片爆炸的時代，海量資料極待處理，人類的大腦皮層大約有 70% 的部分都是在處理我們所看到的內容，即視覺資訊。在電腦視覺之前，圖片對於機器是處於黑盒狀態，就如同人沒有視覺這個獲取資訊的主要管道，電腦視覺的出現讓電腦能夠看懂圖像，並能進一步分析圖像。

從 4G 到 5G，止進一步引發網際網路裡的影片流量爆炸，影片以各種形式幾乎參與了所有程式，產生的海量影片資料以指數級的速度在增長，想要對新型資料類型進行更精準的處理，推動電腦視覺發展是未來必經之路。

從技術驅動來看，以 5G 為代表的新一代資訊通訊技術及以深度學習為代表的人工智慧技術，推動電腦視覺產業不斷成熟。

另一方面在 4G 時代就出現了簡單的電腦視覺業務，例如人臉辨識、OCR 等，隨著 5G 的普及、高速率、無線化、可移動視覺的需求將得到進一步滿足。另一方面人工智慧技術隨著電腦算力提升、演算法的更新及反覆運算，結合行業大數據，適用場景將更加廣泛，能夠大幅提升安全防護、工業製造、醫療影像診斷等領域的效率並降低人工成本。

電腦視覺的發展也推動著電腦視覺的應用，現階段中國應用於安全防護、金融、網際網路為主，國外則以消費、視覺機器人、智慧駕駛等場域為優先。

探其原因一是中國市場需求的推動，安全防護、金融數位化成為了電腦視覺最重要的應用場景，帶動了相關產業的發展。二是發展時間和階段不同，國外電腦視覺發展較早，從實驗室走向應用經歷了幾十年的發展，早已進入穩定發展時期。但其實中國起步較晚，2010 年以後相關企業才迅速成立發展起來，這時中國企業進入階段恰好趕上了大規模視覺技術應用時期，和網際網路大爆發時期。三是市場重視程度不同，國外市場認為晶片和硬體作用力大於軟體演算法技術，所以更加注重晶片研發和市場的壟斷，中國市場則重點將行業知識和工程經驗轉化為垂直解決方案，將業務解決方案涵蓋各種水準垂直方案之中。

電腦視覺最為代表性的應用無疑是人臉辨識，目前基於深度學習的人臉辨識系統精度不斷提升，已被廣泛應用於零售及金融民生等各類場景。

深度學習方法的主要優勢是可用大量資料來訓練，進而學習訓練資料中出現的變化情境、像是人類的臉部特徵，此方法不需要設計不同類型的類內差異（比如光照、姿勢、臉部表情、年齡等）的特定特徵，可從訓練資料中學到它們。卷積神經網路對平移、縮放、傾斜和其他形式的型態有高度不變性，並具有深度學習能力，可以透過網路訓練獲得圖片特徵，不需要人工去提取特徵，在圖片樣本規模較大的情況下，對圖片有較高的辨識率，因此卷積神經網路是人臉辨識最常用的一類深度學習方法。

人臉辨識過程包括人臉檢測、人臉對齊、人臉辨識等部分，具體流程包括：在整個圖片中檢測到人臉區域；根據檢測到的關鍵點位置，對人臉的檢測框的關鍵點進行對齊，比如使眼睛，嘴巴等在圖像中有同樣的座標位置，主要是有利於後面的訓練；使用人工神經網路前擷取人臉特徵進行訓練，訓練得到的模型用來部署；將每張人臉區域使用模型抽取特徵，得到一個特徵向量，將特徵向量使用餘弦方法等計算距離，小於指定的閾值則認為是同一個人。

OCR 實現物品的資料化則是電腦視覺的另一重要應用，OCR 技術是從圖片中辨識文字的方法，在現實中具有廣泛的應用場景，比如車牌辨識、身份證辨識、護照辨識等。

騰訊優圖是 OCR 實現物品的資料化的代表之一，騰訊優圖基於在 OCR 領域的深厚技術累積和豐富的實戰經驗，自主研發了高精度的通用 OCR 引擎，包括多尺度的任意形狀文本檢測，和融合語義理解的文字辨識兩大核心演算法。結合自研資料模擬演算法生成的數千萬訓練集，有效解決了文本畸變、密集排佈、複雜背景干擾、手寫、小字模糊字等 OCR 方向的經典難題。

為了充分驗證演算法的性能，騰訊優圖 OCR 在包括文字、路標、書本、試卷、快遞單等涵蓋數十種場景的數千張圖片全面測試，準確率達到 95%。根據自研的高精度通用 OCR 技術，騰訊優圖進一步研發了證照類、教育試題類、票據類等 50 多種垂直場景的 OCR 能力，關鍵字段準確率達到 98%，並透過騰訊雲文字辨識 OCR 在金融、保險、財務、物流、教育等領域得到廣泛應用，資訊記錄速度提升 90% 以上，在業務處理效率提升的同時，也極大節省了人工記錄成本。

2.3 ▸▸ 自然語言處理

🖱 處理語言的機器

20 世紀 50 年代，圖靈提出著名的「圖靈測試」，引出了自然語言處理的概念，經過半個多世紀跌宕起伏，歷經專家系統、統計機器學習、深度學習等一系列基礎技術體系的反覆運算，如今的自然語言處理技術在各個方向都有了顯著的進步和提升，作為人工智慧重

點技術之一，自然語言處理在學術研究和實際運用都佔了舉足輕重的地位。

自然語言是指漢語、英語、法語等人們日常使用的語言，是人類社會發展演變而來的語言，而不是人造的語言，自然語言是人類學習生活的重要工具，自然語言在整個人類歷史上以語言文字形式，記載和流傳的知識佔到知識總量的 80% 以上。就電腦應用而言，據統計用於數學計算的僅佔 10%，用於程式控制的不到 5%，其餘 85% 左右則都是用於語言文字的資訊處理。

自然語言處理（Natural Language Processing，NLP）將人類溝通所用的語言經處理轉化為機器所能理解的機器語言，是研究語言能力的模型和演算法框架，同時是語言學和電腦科學的交叉學科、實現人類與機械間的資訊交流、是人工智慧、電腦科學和語言學所共同關注的重要方向。

自然語言處理的具體表現形式包括機器翻譯、文本摘要、文本分類、文本校對、資訊抽取、語音合成、語音辨識等。自然語言處理就是要電腦理解自然語言，自然語言處理機制涉及兩個流程，包括自然語言理解和自然語言生成。自然語言理解是指電腦能夠理解自然語言文本的意義，自然語言生成則是指能以自然語言為文本，來表達給特定對象。

自然語言的處理流程大致可分為五步：

第一步提取語言，第二步對語言預先整理分類，其中包含語言清理、分詞、詞性標注及刪除停用詞等步驟。第三步特徵化；也就

是向量化，主要把分詞後的字及詞表示成電腦可計算的類型（向量），這樣有助表達不同詞義之間的相似關係。第四步模型訓練，包括傳統的有監督、半監督和無監督學習模型等，可根據應用需求不同進行選擇。第五步對分類後的模型進行評價，常用的評測指標有精準率（Precision）、召回率（Recall）、F 值（F-Measure）等。精準率是衡量檢索系統的查準率；召回率是衡量檢索系統的查全率；而 F 值是綜合精確率和召回率，用於反映整體的指標，當 F 值較高時則說明試驗方法有效。

比爾・蓋茲曾說：「語言理解是人工智慧皇冠上的明珠」，可以說誰掌握了更高級的自然語言處理技術，誰在自然語言處理的技術研發中取得了實質突破，誰就將在日益激烈的人工智慧軍備競賽中佔得先機。

◉ 從誕生到繁榮

作為一門包含著電腦科學、人工智慧以及語言學的交叉學科，自然語言處理的發展也經歷了曲折中發展的過程。

20 世紀 50 年代到 70 年代自然語言處理主要採用基於規則的系統，即認為自然語言處理的過程和人類學習認知一門語言的過程是類似的，那時自然語言處理還停留在理性主義思潮階段，以基於規則的系統為代表。

然而基於規則的方法具有不可避免的缺點，首先規則不可能覆蓋所有語句，其次這種方法對開發者的要求極高，開發者不僅要精通電

腦還要精通語言學，因此這一階段雖然解決了一些簡單的問題，但是無法從根本上將自然語言理解並推廣大眾使用。

70 年代以後，隨著網際網路的高速發展，豐富的程式語言資料庫以及硬體不斷更新，自然語言處理思潮由理性主義過渡向經驗主義，基於統計的方法逐漸代替了基於規則的方法。賈里尼克和其領導的 IBM 華生實驗室是推動這一轉變的關鍵，他們採用基於統計的方法，將當時的語音辨識率從 70% 提升到 90%。在這一階段，自然語言處理基於數學模型和統計的方法獲得實質性突破，從實驗室走向實際應用。

從 20 世紀 90 年代開始，自然語言處埋進入了繁榮期。1993 年 7 月在日本神戶召開的第四屆機器翻譯高層會議（MT Summit IV）上，英國著名學者 William John Hutchins 教授在他的特約報告中指出，自 1989 年以來機器翻譯的發展進入了一個新紀元，這個新紀元的重要標誌基於規則的系統中引入了語料庫方法，其中包括統計方法、基於實例的方法、透過語料加工使語料庫轉化為語言知識庫的方法等等。這種建立在大規模真實文本處理基礎上的機器翻譯，是機器翻譯研究史上的一場革命，它將把自然語言處理推向一個嶄新的階段，隨著機器翻譯新紀元的開始，自然語言處理進入繁榮期。

尤其是 20 世紀 90 年代的最後 5 年（1994—1999）以及 21 世紀初期，自然語言處理的研究發生了很大的變化，這主要表現在三個方面。

首先機率和資料驅動幾乎成了自然語言處理的標準方法，語句分析、詞類標注、參照消解和語言處理的演算法全都開始引入機率，並採用從語音辨識和資訊檢索中借過來的評測方法。

由於電腦的速度和儲存量增加，使得在語音和語言處理的一些子領域，特別是在語音辨識、拼寫檢查、語法檢查這些子領域，有可能進行商品化的開發語音和語言處理的算法，開始被應用於增強交替通訊（augmentative and alternative communication，AAC）中。

網路技術的發展對於自然語言處理產生了的巨大推動力，全球資訊網（World Wide Web，WWW）的發展使得網路上的資訊搜尋和資訊獲取變得更為突出，資料蒐集的技術日漸成熟，而 WWW 正是由自然語言構成的。因此隨著 WWW 的發展，自然語言處理的研究變得越發重要，可以說自然語言處理的研究與 WWW 的發展息息相關。

如今，在圖片辨識和語音辨識領域的成果影響下，人們也逐漸開始引入深度學習來做自然語言處理研究，2013 年 word2vec 將深度學習與自然語言處理的結合推向了高潮，並在機器翻譯、問答系統、閱讀理解等領域取得了一定成功。作為人工神經網路，深度學習從輸入層開始經過逐層非線性的變化得到輸出，從輸入到輸出做端到端的訓練，把輸入到輸出對的資料準備好，設計並訓練一個人工神經網路，即可執行預想的任務。RNN 已經成為自然語言處理最常用的方法之一，GRU、LSTM 等模型則相繼引發了一輪又一輪的自然語言辨識熱潮。

2.4 ▸ 專家系統和知識工程

🖱 從專家系統到知識工程

自從 1965 年世界上第一個專家系統 DENDRAL 問世以來，專家系統的技術和應用，就在短短的 30 年間獲得了巨幅的進步和發展，尤其是在 80 年代中期以後，隨著知識工程技術的日漸豐富成熟，各式各樣的實用專家系統推動著人工智慧日益精進。

專家是指在學術、技藝等方面有專門技能或專業知識全面的人；特別精通某一學科或某項技藝的有較高造詣的專業人士。通常來說，專家擁有豐富的專業知識和實踐經驗，或者說專家們擁有豐富的理論知識和經驗知識，專家還應該具有獨特的思維方式，即獨特的分析問題、解決問題的方法和策略。

專家系統，就是從「專家」而來，專家系統（Expert System）也稱專家諮詢系統，是一種智慧電腦（軟體）系統，顧名思義專家系統就是能像人類專家一樣解決困難、複雜問題的電腦（軟體）系統。

專家系統是一種特殊的知識系統，作為知識系統的一環，建造專家系統就需要知識萃取（Knowledge Acquisition），即從人類專家那裡或從實際問題那裡蒐集、整理、歸納專家級知識；知識表示（Knowledge Representation），即以某種結構形式表達所獲得的知識，並將其儲存於電腦；知識的組織與管理，即知識庫（Knowledge Base）；建立與維護及知識的利用，即使用知識進行推理等一系列關於知識處理的技術和方法。

現在關於知識處理的技術和方法得以形成一個稱為「知識工程」（Knowledge Engineering）的學科領域，專家系統促使了知識工程的誕生和發展，知識工程又反過來為專家系統服務，使「專家系統」與「知識工程」密不可分。

搭建一個專家系統

從概念來講，不同的專家系統存在相同的結構模式，都需要知識庫、推理機、動態資料庫、人機介面、解釋模組和知識庫管理系統，其中知識庫和推理機是兩個最基本的模組。

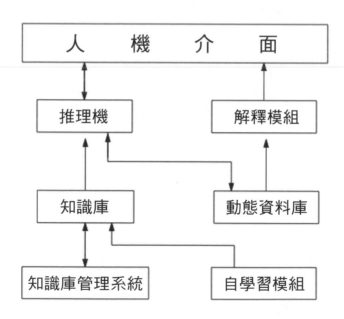

所謂知識庫，就是以某種表示形式儲存於電腦中的知識集合，知識庫通常是以一個個檔案的形式存放於外部介質上，專家系統運行時

將被調入記憶體。知識庫中的知識一般包括專家知識、領域知識和元知識，元知識是關於調度和管理知識的知識，知識庫中的知識通常就是按照知識的呈現模式、性質、層次、內容來組織的，構成了知識庫的結構。

人工智慧中的知識呈現形式有產生式、框架、語義網路等，在專家系統中運用得較為普遍的知識是產生式規則。產生式規則以 IF…THEN…的形式出現，就像 BASIC 等程式設計語言裡的條件陳述式一樣，IF 後面跟的是條件（前件），THEN 後面的是結論（後件），條件與結論均可以透過邏輯運算 AND、OR、NOT 進行結合。產生式規則的理解非常簡單：如果前提條件得到滿足，就產生相應的動作或結論。

推理機是實現（機器）推理的程式，推理機針對當前問題的條件或已知資訊，反覆匹配知識庫中的規則，獲得新的結論，以得到問題解答，推理方式又可以分為正向和反向兩種推理。

正向連結的策略是找出可以和資料庫中的事實或斷言相匹配的那些規則，並運用衝突的消除策略，從這些都滿足規則中的挑選出一個執行，進而改變原來資料庫的內容，這樣反覆地進行尋找，直到資料庫的事實與目標一致即找到解答，或者到沒有規則可以與之匹配時才停止。

反向連接的策略是從選定的目標出發，尋找執行結果可以達到目標的規則；如果這條規則的前提與資料庫中的事實相匹配，問題就得到解決；否則把這條規則的前提作為新的子目標，並對新的子目標

尋找可以運用的規則。執行逆向排序的前提，直到最後運用的規則的前提可以與資料庫中的事實相匹配，或者直到沒有規則再可以應用時，系統便以對話形式請求使用者回答並輸入必要的事實。

推理機使用知識庫中的知識進行推理來解決問題，可以說推理機也就是專家的思維機制，即專家分析問題、解決問題的法的一種演算法呈現和機器實現。

知識庫和推理機構成了一個專家系統的基本框架、相輔相成、密切相關，當然由於不同的知識呈現有不同的推理方式，所以推理機的推理方式和工作效率不僅與推理機本身的演算法有關，還與知識庫中的知識以及知識庫的組織有關。

動態資料庫也稱全域資料庫、綜合資料庫、工作記憶體、黑板等，動態資料庫是存放初始證據事實、推理結果和控制資訊的場所，或者說它是上述各種資料構成的集合。動態資料庫只在系統運行期間產生、變換和撤銷，所以才有「動態」一說，動態資料庫雖然也叫資料庫，但它並不是一般所說的資料庫，兩者有本質上的差異。

人機介面指的是最終使用者與專家系統的互動介面，一方面使用者透過這個介面向系統提出或回答問題，或向系統提供原始資料和事實等；另一方面系統透過這個介面向使用者提出或回答問題，並匯出系統的互動，以及最終結果作出適當解釋。

解釋程式模組專門負責向使用者解釋專家系統的行為和結果，推理過程中，它可向使用者解釋系統的行為，回答使用者「Why」之類

的問題，推理結束後它可向用戶解釋推理的結果是怎樣得來的，回答「How」之類的問題。

知識庫管理系統則是知識庫的主要軟體，知識庫管理系統對知識庫的作用，類似子資料庫管理系統對資料庫的作用，其功能包括知識庫的建立、刪除、重組；知識的獲取（主要指輸入和編輯）、維護、查詢、更新；以及對知識的檢查，包括一致性、冗餘性和完整性檢查等等。

知識庫管理系統主要在專家系統的開發階段使用，但在專家系統的運行階段也要經常用來對知識庫進行增、刪、改、查等各種管理工作，所以它的生命週期實際是和相應的專家系統一樣的。知識庫管理系統的使用者一般是系統的開發者，包括領域專家和電腦人員（一般稱為知識工程師），而成品的專家系統的用戶則一般是領域專業人員。

專家系統的發展和應用

DENDRAL 是世界第一個專家系統，由美國史丹佛大學的費根鮑姆教授於 1965 年開發的，DENDRAL 是一個化學專家系統，能根據化合物的分子式和質譜資料推斷化合物的分子結構。DENDRAL 的成功，極為鼓舞了人工智慧界的科學家們，使一度徘徊的人工智慧出現了新的生機，它意謂著人工智慧研究開始向實際應用階段過渡；同時也意謂著人工智慧的一個新的研究領域——專家系統的誕生。專家系統的誕生，也使人工智慧的研究從推理為中心轉向以知識為中心，為人工智慧的研究開闢了新的方向和道路。

20 世紀 70 年代，專家系統趨於成熟，專家系統的觀點也開始廣泛的被人們接受，70 年代中期先後出現了一批卓越成效的專家系統，在醫療領域尤為突出，MYCIN 就是其中最具代表性的專家系統。

MYCIN 系統是由 Edward H. Shortliffe 團隊，1972 年開始研製並用於診斷和治療感染性疾病的醫療專家系統，1974 年基本完成，隨後又經過不斷地改進和改良，成為第一個功能較全面的專家系統。MYCIN 不僅能對傳染性疾病作出專家水準的診斷和治療選擇，而且便於使用、理解、修改和更新，它可以使用自然語言與使用者對話，回答使用者提出的問題；還可以在專家的指導下學習新的醫療知識。MYCIN 第一次使用了知識庫的概念，並在不確定性的表示和處理中，採用了可性度的做法，可以說 MYCIN 是一個對專家系統的理論和實踐都有較大貢獻的專家系統，後來的許多專家系統都是在 MYCIN 的基礎上研製的。

1977 年第五屆國際人工智慧聯合會（International Joint Conference on Artificial Intelligence，IJCAI）會議上，ES 的創始人 Edward Albert Feigenbaum 教授在一篇題為《人工智慧的藝術：知識工程課題及實例研究》的文章中系統地闡述了專家系統的思想，並提出了知識工程（Knowledge Engineering）的概念。

至此，專家系統基本成熟，圍繞著開發專家系統而展開的一整套理論、方法、技術等各方面的研究形成了一門新興學科——知識工程。

進入 20 世紀 80 年代，隨著專家系統技術的逐漸成熟，其應用領域迅速擴大，20 世紀 70 年代中期以前，專家系統多屬於資料解釋型（DENDRAL、PROSPECTOR、HEARSAY 等）和故障診斷型（MYCIN、CASNET、INTERNIST 等），它們所處理的問題基本上是可拆解的問題。

20 世紀 70 年代後期，專家系統開始出現其他的類型，包括超大型積體電路設計系統 KBVLSI、自動程式設計系統 PSI 等設計型專家系統；遺傳學實驗設計系統 MOLGEN、組織機器人移動的 NOAH 等規劃型專家系統；感染病診斷治療教學系統 GUIDON、蒸氣動力設備操作教學系統 STEAMER 等教育型專家系統；軍事衝突預測系統 IW 和暴雨預報系統 STEAMER 等預測型專家系統。

與此同時，這一時期專家系統在理論和方法上也進行了較深入的探討，應用於專家系統開發的程式語言和高級工具也相繼問世，尤其是專家系統工具的出現又大大加快了專家系統的開發速度，進一步普及了專家系統的應用。

20 世紀 80 年代，在國外，專家系統在生產製造領域中的應用已非常廣泛，CAD/CAM 和工程設計；機器故障診斷及維護；生產流程控制；調度和生產管理；能源管理；品質保險；石油和資源勘探；電力和核能設施；焊接工藝過程等領域都可以看到非常多的專家系統的具體應用。這些應用在提高產品品質和產生巨大經濟效益方面帶來了巨大成效，進而極大地推動了生產力的發展。

2.5 ▸ 機器人的問世與流行

 什麼才是機器人？

機器人是科學技術發展到一定歷史階段的產物，廣義上機器人包括一切模擬人類行為或思想以及模擬其他生物的機械（如機器狗，機器貓等）。狹義上學界和產業對機器人的定義存在諸多分類法及爭議，有些電腦程式甚至也被稱為機器人（爬蟲機器人）。

國際標準化組織採納了美國機器人產業協會給機器人下的定義：一種可程式設計和多功能的操作機；或是為了執行不同任務具有可跨裝置、可獨立設計應用的專門系統。一般由執行機構、驅動裝置、檢測裝置和控制系統和複雜機械等組成，其中可程式設計、多功能操作是機器人的重要特徵。

「可程式設計」是説，機器人的程式不僅可以編寫一次，可視需要編寫任意次，事實上我們日常所用的許多電子裝置都帶有可程式設計的電腦晶片。例如，在電子數位鬧鐘的晶片內部編寫一個程式，指令它演奏一曲《友誼地久天長》作為鬧鈴聲，然而這些程式不能隨意改變，也不允許主人自己輸入新的程式，與之不同的是機器人的程式是可以改寫的，根據使用者的意願可以改變、增加或刪除，一個機器人可具有按任意順序做不同事情的多種程式。當然為了可以重新程式設計，一個機器人必須具有一個可輸入新的指令和資訊的電腦，意即電腦要是可以「隨身」的，電腦的控制板就裝在機器人身上，或是「體外」的，即控制機器人的電腦，在保證與機器人互通資訊的情況下，可置於機器人體外的任何位置。

「多功能」顧名思義機器人是多用途的，亦即可完成多種工作，如用於雷射切割的機器人，對其終端工具稍加改變，即可用於焊接、噴漆或裝置操作等工作。

「控制機」是指機器人工作時，需要一個隨身工作配件的機械，正如機器人與其他自動化機器的區別在於它的程式可重編性和萬能性，機器人與電腦的區別在於它有一個操作機構。

可以說，機器人是綜合了機械、電子、電腦、感測器、控制技術、人工智慧、仿生學等多種學科的複雜智慧機械。

🖱 從孕育到發展

每一種設計和技術都有其孕育發展期，機器人技術也不例外，在古希臘羅馬時期，原始機器人以活雕像和各種「神奇」的機器形態存在：只要往石雕的獅身鷹頭張開的大嘴裡扔進八枚硬幣，「聖水」便會自動從石獸的眼睛裡流出來。祭司在廟宇前點燃聖火，廟宇的大門便會按照現代工程師的說法「自動」開啟，亞歷山大城的赫龍和希臘時代的其他機械師們製作的雕塑，常常成為迷信祭祀的偶像。

關於機器人「可靠」的記載，最初出現在著名的荷馬史詩《伊利亞德》裡，其中荷馬描繪了一個黃金做成的女人幫助煉鐵之神赫淮斯托斯的故事。事實上對於現代工業機器人祖先們的故事，常常帶有濃厚的神話傳奇色彩，這與其說是在記載事實，不如說是人類的一種美妙幻想。

機器人從幻想世界真正走向現實世界，是從自動化生產和科學研究的發展需要出發的。1939 年紐約世界博覽會上，首次展出了由美國西屋電氣公司製造的家用機器人 Elektro，但它只掌握了簡單的語言，能行走、抽煙，並不能代替人類做家務。

現代機器人起源始於二十世紀 40-50 年代，美國許多國家實驗室進行了機器人方面的初步探索。二次世界大戰期間，在放射性材料的生產和處理過程中應用了一種簡單的遙控操縱器，使得機械抓手就能實現人手的動作位置和姿態，代替操作人員直接操作。

在這之後，橡樹嶺和阿貢國家實驗室開始研製遙控式機械手，作為搬運放射性材料的工具，1948 年主控式的遙控機械手正式誕生於此，開啟現代機器人製造之先河。美國麻省理工學院輻射實驗室（MIT Radiation Laboratory）1953 年研製成功數控銑床，把複雜伺服系統的技術與最新發展的數位電腦技術結合起來，切割模型以數位形式透過穿孔紙帶輸入機器，然後控制銑床的伺服馬達按照模型的軌跡作切割動作。

上世紀 50 年代以後，機器人進入了實用化階段。1954 年美國的 George Charles Devol 設計並製作了世界上第一台機器人實驗裝置，發表了《適用於重複作業的通用性工業機器人》一文，並獲得了專利。George C.Devol 巧妙地把遙控操作器的關節型連桿機構，與數控機床的伺服軸連接在一起，設定好的機械手動作一經程式設計輸入後，機械手就可以離開人的輔助獨立運行。這種機器人也可以接受指示完成各種簡單任務，指示過程中操作者用手帶動機械手依次通過工作任務的各個位置，這些位置依序記錄在數位記憶體

內，任務執行過程中，機器人的各個關節在伺服器驅動下再現出那些位置序列，因此這種機器人的主要技術功能就是「可程式設計」以及「指示再現」。

上世紀 60 年代機器人產品正式問世，機器人技術開始形成。1960 年美國的 Consolidated Control 公司根據 George C.Devol 的專利研製出第一台機器人樣機，並成立 Unimation 公司，設計生產 Unimate 機器人。同時美國「機床與鑄造公司（AMF）」設計製造了另一種可程式設計的機器人 Versatran（意為「多才多藝」），這兩種型號的機器人以「指示再現」方式，在汽車生產線上成功地代替工人進行傳送、焊接、噴漆等作業，它們在工作中表現出來的經濟效益、可靠性、靈活性，引起了其他國家的注意，從 1968 年開始日本的機器人製造業取得了驚人的進步。

1969 年美通用電氣（GE）公司為美陸軍建造的實驗行走車是機器人的一項巨大進步，其控制難度實非人力所及，進而促進了自動控制研究的深入發展，該行走車的四腿裝置所要求的自由度控制是主要課題。同年波士頓機械臂問世，第二年又有史丹佛機械臂問世，還裝備了攝影機和電腦控制器，隨著這些機械被用作機器人的操作結構，機器人學開始取得重大進展。

1970 年美國第一次全國性的機器人學術會議召開，1971 年日本成立工業機器人協會以推動機器人的應用，隨後推出第一台電腦控制機器人，並且被譽為「未來工具」即 T3 型的機器人，可力舉超過 100 磅重的物體，並可追蹤在裝配的線上工件。

工業機器人各種卓有成效的實用範例促成了機器人應用領域的進一步擴展，同時又由於不同應用場合的特點，導致了各種坐標系統、各種結構的機器人相繼出現。隨著大型積體電路技術的飛躍發展及微型電腦的普遍應用，使機器人的控制性能大幅提升、開發成本不斷降低，讓數百種類的不同構造、不同控制方法、不同用途的機器人終於在 80 年代以來真正進入了實用化的普及階段。

進入 80 年代後，隨著電腦、感測器技術的發展，機器人技術已經具備了初步的感知、回應能力，在工業生產中開始逐步應用。工業機器人首先在汽車製造業的流水線生產中開始大規模應用，隨後諸如日本、德國、美國這樣的製造業發達國家開始在其他工業生產中也大量採用機器人作業。

上世紀 80 年代以後，機器人朝著越來越智慧的方向發展，這種機器人帶有多種感測器，能夠將多種感測器得到的資訊進行融合，有效的適應變化的環境，並具有很強的自我調整能力、學習能力和自治功能。智慧型機器人的發展主要經歷了三個階段，分別是可程式設計、再現型機器人，有感知能力和自我調整能力的智慧型機器人，其中所涉及到的關鍵技術有多感測器資訊融合、導航與定位、路徑規劃、機器人視覺智慧控制和人機介面技術等。

進入 21 世紀，隨著勞動力成本的不斷提高、技術的不斷進步，各國陸續進行製造業的轉型與升級，出現了機器人替代人工的熱潮。同時人工智慧發展日新月異，服務機器人也開始走進普通家庭的生活，世界上許多機器人科技公司都在大力發展機器人技術，機器人的特質與有機生命越來越接近。

人工智慧走向廣泛應用

3.1 ▶ 人工智慧在醫療

 AI 製藥可堪大用？

目前人工智慧在醫療衛生領域應用形成全球化趨勢，可以說人工智慧以獨特的方式捍衛著人類健康福祉，除了在診療手術、就醫管理、醫療保險發揮作用，人工智慧演算法近年來更是推動著疾病與藥物研究的革新，並越來越體現其優勢。

製藥業是危險與迷人並存的行業，昂貴且漫長。通常一款藥物的研發可以分為藥物發現和臨床研究兩個階段。

在藥物發現階段，需要科學家先建立疾病假說，靶點發現並設計化合物，再來才是臨床前研究。傳統藥廠在藥物研發過程中必須進行大量模擬測試，研發週期長、成本高、成功率低。根據《自然》資料，一款新藥的研發成本大約是 26 億美元、耗時約 10 年，成功率則不到十分之一。

其中僅靶點發現、設計化合物環節，就障礙重重，包括苗頭化合物篩選、先導化合物優化、候選化合物的確定及合成等，每一步都面臨較高的淘汰率。

對於靶點發現來說，需要透過不斷的實驗篩選，從幾百個分子中尋找有治療效果的化學分子，此外人類思維有一定聚合，針對同一個靶點的新藥，有時難免結構相近甚至引發專利訴訟。一種藥物可能需要對成千上萬種化合物進行篩選，最後僅有幾種能順利進入最後的研發環節。

然而，透過人工智慧技術卻可以尋找疾病、基因和藥物之間的深層次連結，以降低高昂的研發費用和失敗率。透過疾病代謝資料、大數據基因組識、蛋白組織學、代謝組織學，AI 可以對候選化合物進行虛擬高通量篩檢，尋找藥物與疾病、疾病與基因的連結關係，提升藥物開發效率及藥物開發的成功率。

具體而言，研究人員可以使用人工智慧的研究分析功能，搜尋並解析海量文獻、專利和臨床結果，找出潛在被忽略的管道、蛋白質、身體機制與疾病的相關關係，進一步提出新的可供測試假說，進而找到新機制和新靶點。漸凍人症（ALS）就是由特定基因引起的一種罕見疾病，IBM Watson 使用人工智慧技術來檢測數萬個基因與 ALS 的關聯性，成功發現了 5 個與 ALS 相關的基因，推進了人類對漸凍人症的研究進展（此前醫學已發現了 3 個與 ALS 相關基因）。

在候選化合物方面，人工智慧藉由虛擬篩選模式，幫助研究人員更有效率的找到活性較高的化合物，提高潛在藥物篩選速度和成功率。比如美國 Atomwise 公司使用深度卷積神經網路 AtomNet，來支援藥物設計並輔助藥品研發，透過 AI 分析藥物資料庫模擬研發過程，預測潛在的候選藥物，評估新藥研發風險、預測藥物效果。製藥公司 Astellas 與 NuMedii 公司合作使用人工神經網路的演算法尋找新的候選藥物、預測疾病的生物標記。

當藥物研發經歷藥物發現階段，成功進入臨床研究階段時，則進入了整個藥物批准過程中最耗時且成本最高的階段。臨床試驗分為多階段進行，包括臨床 I 期（安全性），臨床 II 期（有效性），和臨床 III 期（大規模的安全性和有效性）的測試。

傳統的臨床試驗中，招募患者成本很高，資訊不對稱是需要解決的首要問題。CB Insights 的一項調查顯示，臨床試驗延後的最大原因來自人員招募環節，約有 80% 的試驗無法按時找到理想的試藥志願者。

臨床試驗中的一大重要部分，在於嚴格遵守協定，簡言之如果志願者未能遵守試驗規則，那麼必須將相關資料從資料庫中刪除。如果未能及時發現，這些包含錯誤用藥背景的資料可能嚴重扭曲試驗結果，此外確保參與者在正確時間服用正確藥物，對於維護結果的準確性也同樣重要。

但這些難點卻可以在人工智慧技術下解決。人工智慧可以利用技術手段從患者醫療記錄中提取有效資訊，並與正在進行臨床研究的計畫匹配，很大程度上簡化了招募過程。

對於實驗過程中患者往往存在服藥遵從性無法監測等問題，人工智慧技術可以實現對患者的持續性監測，像是利用感測器追蹤藥服用狀況、用圖片和臉部辨識追蹤病人服藥。蘋果公司就推出了開源架構 ResearchKit 和 CareKit，不僅幫助臨床試驗招募患者，還能讓研究人員利用應用程式遠端監控患者的健康狀況、日常生活等。

既然人工智慧在製藥業展現出優勢和潛力，為什麼人工智慧的製藥產業至今還未密集發展，反而是人們對人工智慧的技術突破屢見不鮮？人們對於「人工智慧演算法發現了一種強效的新抗生素」之類的頭版新聞並不再感覺稀奇。

新冠肺炎疫情是對人工智慧來說是一個很好的轉捩點，在協助診療和管理上，人工智慧的表現可圈可點。

以中國製藥現況來說，目前有阿里雲與全球健康藥物研發中心 GHDDI 合作開發人工智慧藥物和大數據平台，針對冠狀病毒的歷史藥物研發進行資料採擷與整合，其他國家則有 DeepMind 使用其 AlphaFold 人工智慧系統，來預測和發佈與新冠病毒相關的內容，人工智慧在製藥上也顯示出了巨大希望。

儘管科技進步顛覆了行動通訊、個人電腦、網際網路和 DNA 定序等領域，開發新藥的成本卻逐步上升，因此人工智慧製藥為這個領域吸引了更多投資和更多人才。隨著炒作愈演愈烈，藥物開發成本卻一路走高，看起來很有希望的人工智慧技術突破，卻沒有讓技術的研發水平有顯著提升。

人工智慧製藥似乎依舊不堪大用，現今人工智慧仍存有相當大的局限，對於目前的人工智慧來說，其主要是透過在資料搜尋來學習的，通常輸入的資料越多，人工智慧就越智慧。

總部位於舊金山的 OpenAI 發佈的 GPT-3 演算法，只需幾個詞的提示就可以寫出任何主題的連貫段落。值得一提的是，第一版 GPT 於 2018 年發佈，包含 1.17 億個參數，2019 年發佈的 GPT-2 包含 15 億個參數。相比之下 GPT-3 擁有 1750 億個參數，比其前身多 100 倍，比之前最大的同類 NLP 模型要多 10 倍。於是該演算法透過分析近 5 千億個字詞實現了智慧，然而這些資料也限制了 GPT-3。

要實現超自然性能，一般來說必須輸入特定行為的高品質資料對系統進行訓練，這在圍棋等遊戲中容易實現，每一步都有明確的參數，但在不太可預測的現實生活場景中則要困難得多。這也令人工智慧在應用到現實場景的過程中，經常會遇到困難。

疫情期間，在法國、美國和英國等地，人工智慧之所以未能協助政府建立有效的接觸者追蹤系統，很大一部分原因就是缺少必要的「原料」：在英國，由於缺乏有系統的資料獲取管道，來追蹤和溯源新冠病例，所以在短期內幾乎不可能使用人工智慧技術實施接觸者追蹤。

雖然人工智慧能創造出人類急需的藥品、改善健康及治療疾病，但不論是製造強化學習的結合方法，還是量子計算的迷人前景，都需要生物學、化學以及更多學科的支援，只有保證科學的供給，才能更好地產出科學。

生活水準的提升引起的人口結構變化和疫苗、抗生素等醫學技術的出現加快了人類疾病譜變遷的速度，慢性病取代傳染病成為人類主要的疾病負擔。目前的醫療衛生體系是人類在對抗傳染病和急性病過程中形成的，醫學理念、臨床應對方式難以應對慢性病的挑戰，逐漸表現出效率低下，醫療保健成本高速增長等特徵，日趨不堪重荷。

人工智慧技術的巨大突破，融合了深度學習演算法、資料建置、大規模 GPU 平行計算等技術構成的深度神經網路，能模擬人腦的工作機制，並提升早期檢測準確度、加強診斷和風險控制、降低治療

費用、輔助病人自我健康管理、提升治療效果等方面，給予醫療工作者充分支援。

在製藥行業從辨識生物靶點，設計新分子再到提供個人化治療、預測臨床試驗結果擁有具大發展和潛力，人工智慧製藥或許現在輸給了傳統的生物學和化學，但這並不意味著它還沒有準備好進入黃金期，未來隨著黃金期的到來也將給製藥這一歷史悠久且非常重要的行業帶來前所未有的變革。

用人工智慧求解心理健康

在人工智慧盛行的時代，人工智慧除了在我們熟悉的生活發揮高效便捷的作用，更在一些、至關重要的領域有著無可比擬的優勢和潛力，像是精神疾病的診斷。

目前中國嚴重精神障礙患者約有 1600 萬，WHO 預測到 2020 年憂鬱症將會成為危害人類健康的第 2 大類疾病。但約 30% 的患者對抗憂鬱症藥物沒有反應，在有反應人群中只有 1/3 的患者獲得臨床緩解。

精神疾病的診斷依據主要是國際疾病分類、精神障礙診斷與統計手冊，需要有經驗的醫生依據調查問卷和自己的經驗進行判斷。由於血液檢測查不出憂鬱症，腦部掃描也沒法提前檢查出焦慮症，活體組織檢查法更不可能診斷出自殺的念頭，所以就算精神病學家擔心新冠肺炎疫情會對人們的精神健康造成嚴重影響，也沒有簡單的方法來檢測這一點。

在醫學領域中，沒有任何可靠的生物指標可以用來診斷精神疾病，精神病學家們想找出發現思想消極的捷徑卻總是得不到結果，這使許多精神病學的發展停滯不前。它讓精神疾病的診斷變得緩慢、困難且主觀，阻止了研究人員理解各種精神疾病的真正本質和原因，也研究不出更好的治療方法。

但這樣的困境並不完全沒有希望，事實上精神科醫生診斷所依據的患者語言給精神病的診斷突破提供了重要的線索。

1908 年瑞士精神病學家尤金‧布魯勒宣佈他和同事們正在研究的一種疾病的名稱：「精神分裂症」，他注意到這種疾病的症狀是如何「在語言中表現出來的」，但是他補充說，「這種異常不在於語言本身，在於它表達的東西。」

布魯勒是最早關注精神分裂症「陰性」症狀的學者之一，也就是健康的人身上不會出現的症狀，這些症狀不如所謂的「陽性」症狀那麼明顯，陽性症狀外在出現了額外的症狀，比如幻覺。最常見的負面症狀之一是口吃或語言障礙，患者會儘量少說，經常使用模糊的、重複的、刻板的短句，這就是精神病學家所說的低語義密度。

低語義密度是患者可能患有精神病風險的一個警示訊號，有些研究專案表明患有精神病的高風險人群，一般很少使用「我的」、「他的」或「我們的」等所有格代稱，基於此研究人員把對於精神疾病的診斷，突破轉向了機器對語義的辨識。

研究表示，2016 年全球約有 23.4 億人使用數位媒體，預計到 2020 年將進一步增加到 29.5 億，根據中國網際網路路資訊中心

（CNNIC）第 45 次發佈《中國網路路發展狀況統計報告》，截至 2021 年 3 月，中國網路用戶規模達 9.04 億，這意味著無處不在的智慧手機和社群媒體，讓人們的語言從未像現在這樣容易被記錄、數位化和分析。

透過行動裝置獲得大量與健康相關資料價值，可能遠超過如體檢、實驗室檢查和影像學檢查等傳統定義疾病特徵的方法，對疾病的診斷和評估具有更高的價值。事實上已經有越來越多的研究人員，透過篩選人們過往的資料來尋找憂鬱、焦慮、雙向情感障礙和其他綜合症的跡象——從人們的語言選擇、我們的睡眠模式到我們給朋友打電話的頻率，這些資料與對這些資料的分析，就被稱為——資料表型。

透過數位表型，個體與數位科學的結合，從診斷、治療到慢性病、疾病管理影響現有整個體系。在精神病學領域引進數位表型，能夠更密切和持續地測量患者日常生活中的各種生物特徵資訊，如情緒、活動、心率和睡眠，並將這些資訊與臨床症狀結合起來，進而改善臨床實驗。

相較於傳統精神病學只能依賴個別精神病學家技能、經驗和意見診斷，以人工智慧為襯托的資料類型無疑具有無可比擬的優勢和潛力，包括疾病預測、疾病持續評估監測、疾病治療方案評估。

首先在疾病預測方面，數位表型方面最先進的應用可能是預測雙向情感障礙患者的行為，透過研究人們的手機，精神病學家已經能夠捕捉到事件發生前的微妙跡象。當雙向患者情緒低落時，他們手機

上的 GPS 感測器會顯示他們不太活躍，他們接電話的次數變少、打出去的電話也變少、而且看螢幕的時間也會變長。相比之下，在煩躁階段到來之前，他們走動得更多、發的訊息更多，打電話的時間也更長。

一項探索性的研究發現，與正常對照的 Twitter 用戶相比，患有精神分裂症的 Twitter 用戶發佈的有關抑鬱和焦慮的推文頻率更高，這與線下觀察到的精神分裂症患者的臨床症狀相符合。研究還發現，社交和娛樂應用的使用越多，壓力和激惹性情緒就越低，這暗示有可能利用網路平台提供精神疾病症狀相關的數位表型，為疾病的預測和管理提供新的途徑。

另外針對沒有精神疾病的普通人，人機互動的資訊也可為情緒預測提供幫助，在另一項研究中，研究人員使用智慧手機感測器預測 32 名健康受試者為期兩個月的情緒變化，研究分析了通話的數量及時長、訊息及電子郵件的數量、應用程式的使用數量及模式、瀏覽器的歷史連結及位置變化的資訊，預測情緒變化的準確率為 66%，採用個性化預測模型後其預測準確度可提高到 93%。

其次很多研究已經證實，持續性的監測比零星的臨床訪談評估可以為疾病提供更有用的訊號，但目前針對精神疾病的評估存在許多局限性。首先這些評估方法是非生態性的，通常需要被試者脫離日常生活行為來完成特定的評估任務；其次是評估存在偶發性，包括評估地點及評估人員在內的限制性資源使得這些方法的可拓展性很差；最後這些方法容易受到回憶錯誤及主觀偏見的影響。

資料表型則提供了持續性的評估監測機制，使用隨身攜帶的電子設備獲得有關患者行為、認知或經歷上發生變化的資訊，將給醫生帶來更多時間來防治那些風險最高的患者，還能更密切地觀察他們，甚至嘗試治療以減少精神病發作機率。

最後對於疾病治療方案的評估，從可穿戴設備、行動裝置、社交媒體蒐集到的治療效果資訊，是對傳統療效評估的重要補充。透過一個神經內科線上追蹤疾病社區成員的數位表型案例研究證實，鋰鹽在減緩肌萎縮側索硬化症患者的疾病進展方面缺乏有效性，這些發現後來被複製到幾個更慢、更昂貴的隨機對照試驗中。透過線上追蹤精神疾病社區成員的數位表型，來評估治療方案對患者的療效，有利於治療方案的調整及個體化治療方案的制定。

相較於傳統的診斷方法，數位表型存在生態性、持續監測、與現實世界的需求相平行、易於推廣等優勢，但其應用依舊面臨挑戰。

首先把醫療資訊上傳到應用程式，對患者和臨床工作者都有潛在風險，其中的一個問題是，這些醫療資訊會被協力廠商獲得。

理論上，隱私權法應該阻止精神健康資料的傳播，美國已經實施了24 年的 HIPAA 法規規範了醫療資料的共用，歐洲的資料保護法案GDPR 理論上也應該阻止這種行為。但在「國際隱私標準（Privacy International）」2019 年的一份報告發現，在法國、德國和英國，有關憂鬱症的熱門網站將使用者資料洩露給了廣告商、資料經紀人和大型科技公司，也有一些提供憂鬱症測試的網站也將答案和測試結果洩露給了協力廠商。

一些倫理學家擔心，數位表型模糊了什麼可以作為醫療資料分類、管理和保護的界限，如果日常生活的細節是我們精神健康留下的線索，那麼人們的「數位化日常」就可以像機密醫療記錄中的資訊一樣，告訴別人其精神狀態。好比說我們選擇使用的詞彙，我們對訊息和電話的反應有多快，我們滑貼文的頻率有多高，我們點讚了哪些貼文，我們幾乎不可能在這些資訊中隱藏自己。

史丹佛大學的倫理學家 Nicole Martinez-Martin：「這項技術已經把我們推到了保護某些類型資訊的傳統模式之外，當所有資料都可能是健康資料時，那麼健康資訊例外論是否還有意義等相關問題就會大量湧現。」

透過智慧手機或可穿戴設備獲得的數位表型，必須證明其在臨床方面有其價值，資料所帶來的決策改善及效率的提高是否對降低發病率、復發率及死亡率有所幫助目前仍無法明確。很少有醫學領域可以單獨透過監測來提供更好的臨床結果，目前現有的一些在預測情緒方面的研究大多是在實驗室實驗下設置或人工環境下，對沒有精神障礙的學生或普通人進行的研究，被分析的人數有限且研究時限較短。

儘管數位表型分析具有揭示人類本質的巨大潛力，但目前數位表型依舊面臨隱私領域的風險和診斷的不確定性，因此科學和個人層面減少危害和增加數位表型效益將是數位表型推廣的先決條件。

當然數位表型代表了在心理學和醫學的許多領域，實施心理診斷的新強力工具，基於社交媒體、智慧型手機，或其他網際網路來源的

數位足跡的人工智慧分析，可用於精神疾病的診斷與精準治療，這也是人工智慧相較於傳統精神疾病診斷，無可比擬的優勢和潛力所在。

人工智慧落實影像辨識

新冠疫情推動人工智慧從「雲端」實地應用，扮演了關鍵角色，提高了抗疫的整體效率，疫情更是成為人工智慧在醫療領域的試金石，彰顯著人工智慧在醫療的力量和價值。從應用場景來看，人工智慧醫療應用尚在起步階段，像是影像辨識、遠端問診、健康管理。

其中影像辨識作為輔助診斷的一個細分領域，將人工智慧技術應用於醫學影像診斷中，是在醫療領域中人工智慧應用最為廣泛的場景。

影像診療的概念起源於腫瘤學領域，之後其延伸才擴大到整個醫學影像領域，理解醫學影像、擷取其中具有診斷和治療決策價值的關鍵資訊，是診療過程中非常重要的環節。

過去醫學影像前處理加診斷需要 4-5 名醫生參與，透過人工智慧的影像診斷，訓練電腦對醫學影像進行分析，只需 1 名醫生參與監督及確認環節，這對提高醫療行為效率大有裨益。

人工智慧在醫學影像得以率先爆發與落實應用，主要是由於影像資料相對易獲取性和易處理性，相比病歷等跨越三五年甚至更長時間

的資料累積，影像資料僅需單次拍攝，幾秒鐘即可獲取，一張影像即可反映病人的大部分病情狀況，成為醫生確定治療方案的直接依據。

醫學影像龐大且相對標準的資料基礎，以及智慧圖像辨識等演算法的不斷進步，為人工智慧醫療在該領域的落實應用提供了堅實基礎。

從技術角度來看，醫學影像診斷主要依賴圖像辨識和深度學習這兩項技術，依據臨床診斷流程，首先將圖像辨識技術應用於偵測環節，將非結構化影像資料進行分析與處理，提取有用資訊。

其次利用深度學習技術，將大量臨床影像資料和診斷經驗輸入人工智慧模型，使人工神經網路進行深度學習訓練；最後在不斷驗證與訓練的演算法模型，進行影像診斷智慧推理，輸出個人化的診療判斷結果。

依附於圖像辨識和深度學習的人工智慧和醫學影像的結合，至少能夠解決三種需求，第一個是病灶辨識與標注，即透過 AI 醫學影像產品針對醫學影像進行圖像分割、特徵提取、定量分析、對比分析等。針對這種需求，X 光、CT、核磁共振等醫學影像的病灶自動辨識與標注系統，可以大幅提升影像醫生診斷效率。目前的 AI 醫學影像系統已可以在幾秒內快速完成對十萬張以上的影像處理，同時可提高診斷準確率，尤其是降低了診斷結果的假陰性概率。

第二個是靶區自動勾畫與自我調整放療，靶區自動勾畫及自我調整放療產品能夠說明放射治療科醫生對 200 到 450 張 CT 片進行自動

勾畫，時間大大縮短到 30 分鐘一套，並且在患者 15 到 20 次上機照射過程中間不斷辨識病灶位置變化以達到自我調整放療，可以有效減少射線對病人健康組織的傷害。

第三個是影像三維重建，依據灰度統計量的配準演算法和依據特徵點的配準演算法，解決斷層圖像配準問題，節約配準時間，在病灶定位、病灶範圍、良惡性鑒別、手術方案設計等方面發揮作用。

從應用方向來看，目前中國 AI 醫學影像產品佈局方向主要集中在胸部、頭部、骨盆腔、四肢關節等大部位，以腫瘤和慢性病領域的疾病篩查為主。

在人工智慧醫學影像發展應用初期，肺結節和眼底檢查為熱門領域，近兩年隨著技術不斷成熟反覆運算，各大 AI 醫學影像公司也在不斷擴大自己的業務範圍，像乳腺癌、腦中風和圍繞骨關節進行的骨齡測試也成為市場競爭者重點佈局的領域。在疫情中，AI 醫學影像就參與到新冠肺炎病灶定量分析與療效診斷中，成為提升診斷效率和診斷品質的關鍵力量。

如果説影像資料的相對易獲取性和易處理性，是人工智慧在醫學影像得以率先爆發與落實應用的主要原因，國家政策的支持和資本大量入場，成為人工智慧在醫學影像應用持續拓展的助力。

從政策加碼來看，2013 至 2017 年中國政府各部門對臺有著多項政策，不斷加大對國產醫學影像設備、協力廠商獨立醫學影像診斷中心、遠端醫療等領域的支援力度。

2016 年末，中國國務院就印發了《「十三五」國家戰略性新興產業發展規劃》，其中多次提及醫療影像，指出要「發展高品質醫學影像設備」、「支援企業、醫療機構、研究機構等聯合建設協力廠商影像中心」。2017 年 1 月，中國國家發展和改革委員會更是把醫學影像設備及服務列入《戰略性新興產品重點產品和服務指導目錄》。

2017 年 11 月 15 日，中國科技部在北京舉行「新一代人工智慧發展規劃暨重大科技專案啟動會」，其中騰訊公司自建的「騰訊覓影」入選成為醫療影像國家新一代人工智慧開放創新平台。值得一提的是，騰訊覓影 AI 和騰訊雲技術的人工智慧 CT 設備就在疫情期間，於湖北多家醫院進行部署，幫助醫護人員進行診療。

除了政策的支持，資本的入場也為人工智慧醫療影像持續發展的動力，根據 Global Market Insight 的資料報告，從應用劃分的角度來說，人工智慧醫學影像市場作為人工智慧醫療應用領域第二大細分市場，將以超過 40% 的增速發展，在 2024 年達到 25 億美元規模，佔比達 25%。

作為被人工智慧技術賦能的醫療器械，其背後仍要面對市場，隨著資料的持續累積、演算法的進一步成熟，AI 醫療影像的商業模式歷經前期的驗證也愈發清晰。

時下就 AI 醫學影像而言，可行的商業模式包括兩種：一是與區縣級基層醫院、民營醫院、協力廠商檢測中心等合作，提供影像資料診斷服務，並按診斷數量收取費用，也就是說與醫院方共同提供醫學影像服務並採取分潤模式；二是與大型醫院、體檢中心、協力廠商

醫學影像中心及醫療器械廠商合作，提供技術解決方案，一次性或者分期收取技術服務費。

目前，中國已有超過百家企業將人工智慧應用於醫療領域，更有大部分公司涉足醫學影像領域，遠高於其他應用場景的企業數量。億歐《2018 中國人工智慧商業落實》報告中，在中國 100 家人工智慧相關非上市企業 2018 年預計營收範圍裡，人工智慧醫療公司共有 10 家進入 100 強，這 10 家公司裡則有 6 家涉足 AI 醫學影像。

從市場競爭格局來看，中國 AI 醫學影像領域市場參與者眾多，既有 GE 醫療、樂普醫療等傳統醫療器械公司、也有 Google、IBM、阿里、騰訊等科技巨頭，以及依附醫療、深睿醫療、數坤科技、推想科技等眾多新創公司，不同類型的市場參與者在資金支援、市場拓展、產品設計、技術研發等方面各具優勢。

行業內雖然尚未形成壟斷型企業，但經過多年市場競爭與優化，各細分領域已有領頭羊企業出現，行業專業之間的差距逐漸顯現。自 2017 年以來，專注於不同病種與技術方向的 AI 醫療影像新創公司持續受到資本熱捧，部分大型企業已完成 C 輪募資，並圍繞核心產品進行技術與經驗轉移、病種與產品管線拓展、全球化佈局等，進一步強化競爭壁壘。

當然在技術、政策和資本的支援成為 AI 醫療影像發展動能的同時，AI 醫療影像發展也受技術、政策和資本的限制。

首先醫療事關生命，AI 醫療影像的假陰性顯然十分重要，即使存在 1% 的漏診也將有可能造成巨大傷害，此外就算只存在 1% 的漏

診，醫生仍需要將所有片子都重審一遍，因此只有零假陰性，才能真正幫助醫生省時省力。

其次從政策支持來說，由於 AI 影像診斷對醫院來說還不是剛性需求，這也令醫院的付費意願並不強烈，如果沒有政策對患者付費習慣的培養，以及政府醫保政策的完善，AI 影像診斷在落實應用上或許還將面對漫長的發展。

儘管部分企業已率先實現商業化，但行業集中商業化的爆發階段尚未到來，當然不可否認的是，作為主導新一代產業變革的核心力量，人工智慧在醫療方面展示出了新的應用模式，在深度融合中又催生出新業態。

作為新一代基礎設施建設，人工智慧在醫療行業的應用將對傳統醫療機構運作方式帶來變革，從長遠來看能有效緩解醫療資源壓力，後疫情時代 AI+ 醫療有望迎來大發展，臨床放射診斷實踐無疑是其中一項重要應用。

3.2 ▸ 人工智慧在金融

隨著科技創新的力量不斷迸發，以科技推動產業發展、加快經濟社會數位化轉型升級成為全球共識。

其中金融科技化成為社會的新興焦點，金融與科技相互融合，創造出新的業務模式、應用、流程和產品，催生出新的客戶關係，對金融機構、金融市場、金融服務產生了深刻影響，更因為網際網路巨頭的入局與佈局，在過去的 2020 年持續發燒。

金融科技的發展離不開底層技術的發展，人工智慧則作為新一輪科技革命和產業變革的重要驅動力量，在金融科技化的過程中發揮著無可替代的作用，可以説人工智慧技術與金融業深度融合，是金融科技大方向所指，用機器替代和超越人類部分經營管理經驗與能力，也將引領未來的金融模式變革。

 智慧金融引領金融生產根本顛覆

當下人工智慧已經嵌入社會生活的各個方面，更與金融具有天然的耦合性，智慧金融的發展將有利於國家爭相掌握人工智慧的發展時程，佔領技術制高點，尤其是金融業的特殊性，勢必對人工智慧技術提出新的要求和挑戰，這反過來將進一步來推動人工智慧技術的突破與升級，提高技術轉化效率。

與此同時，人工智慧技術綜合運用金融科技的大數據、雲端計算、區塊鏈等技術，為未來金融業發展提供無限可能，是對現有金融科技應用的進化與升級，對金融業發展將會產生顛覆性變革。

就中國而言，智慧金融的發展將有利於加強金融行業的適應性、競爭力和普惠性，大大地提高金融機構辨識，以及風險控制的能力和效率，推動中國金融供給側結構性改革，強化金融服務實體經濟和人民生活的能力。

網際網路金融、金融科技，智慧金融的革命性優勢，在於對金融生產效率的根本顛覆，人工智慧固然要高度依賴大數據與雲端計算，但是與資料深度運用的程度不同。人工智慧技術系統是用感測器來

模仿人類感官來獲取資訊與記憶，用深度學習和演算法來模仿人類邏輯和推理能力，用機器代替人腦對海量資料快速處理，進而超越人腦的工作，這也將更精準高效地滿足各類金融需求，推動金融行業變革與跨越式發展。

從現階段的智慧金融來看，在前台應用場景裡，人工智慧已然朝著改變金融透過服務企業來獲取、維繫客戶的方式前進。儘管金融服務企業已經在資料的使用上進行了有效嘗試，但人工智慧依然為市場的重大創新提供了機會，包括智慧行銷、智慧客服，智慧投顧等。

智慧投顧就是運用人工智慧演算法，根據投資者風險偏好、財務狀況和收益目標，結合現代投資組合理論等金融模型，為使用者自動生成個人化的資產配置建議，並對該組合持續追蹤和動態再平衡調整，目前在中國智慧投顧已有試點，全面推廣部分則有待繼續探索。

相較於傳統的人工投資顧問服務，智慧投顧具有不可比擬的優勢：一是能夠提供廣泛且高效便捷的投資諮詢服務；二是具有低投資門檻、低費率和高透明度；三是可克服投資主觀情緒化，實現高度的投資客觀化和分散化；四是提供個人化財富管理服務和豐富的客製化場景。

人工智慧不僅僅適用於前台工作，它還為中台和後台提供了令人興奮的變化，其中智慧投資具有獲利能力，發展潛力巨大，一些公司運用人工智慧技術不斷優化演算法、增強算力、實現更加精準的投

資預測，提高收益並降低尾部風險，透過組合優化，在盤中取得了顯著的超額收益，未來智慧投資的發展潛力巨大。

智慧信用評估則具有線上即時運行、系統自動判斷、審核週期短的優勢，替微型貸款提供了更高效的服務模式，也已在一些網際網路銀行中應用廣泛。智慧風控則落實於銀行企業信貸、網際網路金融助貸、消費金融場景的信用評審、風險定價和催收環節，為金融行業提供了一種線上業務的新型風控模式。

儘管人工智慧融合金融的發展，目前仍處於「淺應用」的初級發展階段，主要對流程性、重複性的任務實施智慧化改造為主，但人工智慧技術應用在金融業務週邊向核心滲透的階段，其發展潛力已經彰顯，人工智慧技術的進步必然在未來帶來客戶金融生活的完全自動化。

🖱 風險與挑戰的並存

人工智慧融合金融讓原有的金融服務體系從「真人」服務到「機器」服務的時代，智慧金融在給行業帶來無盡驚喜與期望的同時，也不斷挑戰著既有的法律、倫理和秩序。

像是資料品質或演算法的瑕疵引起投資者虧損，智慧金融依賴於演算法，當演算法出現過適等程式性錯誤則可能引發蝴蝶效應，造成系統性風險。

與此同時，智慧金融的「長尾效應」和「網路效應」，使得金融機構得以增強獲客能力、提高風控水準、降低成本，但兩個效應疊加

增加了金融體系的複雜性，將有可能放大風險的傳染性和影響面，誘發更大的「從眾效應」，放大金融的順週期性。

金融決策依附於對大數據的智慧處理，卻造就個人投資資訊或公司敏感資料的洩漏風險，突顯個人隱私保護和資料安全問題。演算法的不透明性則帶來歧視的可能，當資料不完整、不具代表性、出現偏差時，則會影響決策結果。因此金融機構有義務瞭解人工智慧系統，以及可能對客戶產生的潛在負面影響，並要為演算法造成的歧視承擔責任。

面對智慧金融應用帶來的問題，則需要政府、市場及社會形成多元、多層次的治理合力，降低智慧金融的風險，最大程度促進人工智慧技術帶來的生產力解放，享受科學與理性決策的成果。

一方面，智慧金融需遵守人工智慧治理的一般原則，同時要考慮金融領域應用的特殊性，堅持創新應用與風險防範並重，一是要鼓勵支持人工智慧技術與金融產業模式的創新，二是要採取有效的監督措施。

從 2019 年至今，中國人民銀行和中國銀行保險監督管理委員會，發佈的人工智慧在金融領域應用的相關政策和指導意見中，政策方向主要集中於監管收緊、技術促進和中小微企業貸款服務三方面。近年來金融業務服務不斷加深，業務場景日趨複雜，邊界逐漸淡化，在繁榮發展的同時也為金融監管帶來了挑戰，P2P 行業暴雷後，監管部門更加堅定了監管愈嚴的大方向。

同時本著「堵不如疏」的原則，監管力度加大的同時，監管創新也在跟進。2020 年 1 月，中國人民銀行發佈了《金融科技創新監管試點應用公示（2020 年第一批）》，以「監管沙盒」的形式透過沙盒工具，模擬場景中對人工智慧、區塊鏈等技術，以及銀行 API 介面開放等模式，在金融業務中的應用進行彈性監管實驗，降低了運營風險和技術不確定性帶來的隱憂，以試錯的精神尋找金融科技監管模式下的更好辦法。

從趨勢上看，監管仍將朝向收緊和創新兩手抓的方針，對金融科技公司的業務範疇、資料規範等保持嚴格的監督，對新技術、新模式持有審慎的態度，科技公司將脫離金融服務業務，更加聚焦於技術輸出，然而市場與監管脫節的洪荒時代也一去不復返。

另一方面，目前全球許多機構都已經開始研究相應的對策以應對智慧金融的倫理問題，美國銀行成立委員會研究如何保證用戶隱私，Google 建議採用以人為中心的設計方法，使用多種指標來評估和監督，並廣泛檢查資料情況，以發現可能的偏差來源，加拿大財政部發佈指導檔概述了使用人工智慧的品質、透明度和公共問責制。

智慧金融的發展需要明確的指導方針和保障措施，以確保該技術的合理開發和使用，包括演算法公平性和可解釋性、穩健性等。

智慧金融應用機構必須確保負責處理該資料或開發、驗證和監督人工智慧模型的員工擁有足夠的資格和經驗，瞭解資料中可能存在的社會和歷史偏差，以及如何充分糾正這些偏差。金融機構還需建置內部政策和管理機制，以確保演算法監控和風險緩解程式足夠和透明，並定期審查和更新。

金融服務的未來發展在於其充分應用並受益於新技術的能力，人工智慧是一項新技術，它將使金融服務企業的前台和後台都產生顛覆性的變化，在金融市場的結構和監督面產生重大轉變之時，社會倫理道德方面也要提出解決方案。

理解和接受人工智慧必然要經歷一個長期的螺旋上升過程，這是一段受經濟、社會以及政治變革影響的過程，也是一段沒有任何一家企業可以獨自完成的，沒有什麼比協作努力更能戰勝這些挑戰，來解鎖人工智慧並為企業和社會帶來的最佳利益。

3.3 ▸ 人工智慧在製造

無農不穩、無工不強，作為真正具有強大造血功能的產業，加工製造業對經濟的持續繁榮和社會穩定舉足輕重。

工業的發展讓人類有更大的能力去改造自然並獲取資源，其生產的產品被直接或間接地運用於人們的消費當中，極大地提升了人們的生活水準，可以說自第一次工業革命以來，工業就在一定意義上決定著人類的生存與發展。

然而興也工業，衰也工業，近年來由於先進國家的去工業化和發展中國家的產業低值化，加工製造業困局顯現，先進國家大批工人失業且出現貿易逆差，使得發展中國家利潤和環境不斷惡化，大量製造企業面臨生存危機，製造業企業的數位化、網路化、智慧化轉型升級迫在眉睫。

與此同時，隨著人工智慧技術的突飛猛進並在消費流通領域的廣泛
應用，越來越多的製造企業與人工智慧企業把目光投向了「人工智
慧 + 製造」，但就目前來看，「人工智慧 + 製造」依然存在動力不足
的困境，製造業的人工智慧之路仍然漫長。

AI 製造困境猶存

人工智慧技術賦能的製造業具有極大的潛力，人工智慧與相關技術
結合，可優化製造業各流程環節的效率，透過工業物聯網採集各
種生產資料，再藉助深度學習演算法處理後，提供建議甚至自主
優化。

從人工智慧在製造業的應用場景來看，主要包括產品智慧化研發設
計、在製造和管理流程中運用人工智慧提高產品品質和生產效率，
以及供應鏈的智慧化。

在產品研發、設計和製造中，人工智慧既能根據既定目標和約束，
利用演算法探索各種可能的設計解決方案，進行智慧生成式產品設
計，又能將人工智慧技術成果整合化、產品化，製造出如智慧型手
機、工業機器人、服務機器人、自動駕駛汽車及無人機等新一代智
慧產品。

對於生產製造來説，人工智慧嵌入生產製造環節，將使機器更加聰
明，不再僅僅執行單調的機械任務，更能在複雜多變的情況下自主
運行，進而全面提升生產效率。

在智慧供應鏈上，需求預測是供應鏈管理領域，應用人工智慧的關鍵主題，透過更好地預測需求變化，公司可以有效地調整生產計畫來改進工廠利用率，智慧搬運機器人將實現倉儲自主優化，大幅提升倉儲揀選效率，減少人工成本。

不論是智慧化研發設計、生產製造，還是智慧供應鏈，製造數位化都是人工智慧＋製造的基礎。然而中國製造業資訊化水準參差不齊，且製造產業鏈遠比其他行業複雜，更強調賦能者對行業背景的理解，這都造成了製造業的 AI 賦能相比其他行業門檻更高、難度更大。

製造業是一個龐大的產業，複雜而割裂是它的歷史特徵，同一個廠房裡，往往有好幾種來自不同廠家的生產設備，這些設備往往採用各自的技術和資料標準，彼此之間並不能直接連通、互相使用。不同的工廠乃至不同的製造業企業，差異就更大了，這樣的差異使得傳統製造業資訊化難度大、效率提升有限。

儘管人工智慧技術在製造業的部分環節與流程中已經有了一定程度的應用，但整體滲透率仍處於較低水準。根據中國信通院的測算，2018 年中國工業數位化經濟的比重僅為 18.3%，尚不足 20%，在製造業整體數位化水準偏低的背景下，人工智慧技術在製造業數位化經濟中的滲透率顯然更低。

現階段人工智慧的價值仍然難以被準確衡量，部分企業尤其是中小企業應用人工智慧的動力不足，究其原因應用人工智慧領域的部分技術，主要用以提高品牌、增加產品賦能，進而提高利潤率，或者

以內部降低運營成本為目標。由於中小企業的產量較小，多數以生存為最低目標，如果要這些廠商以打開新市場來獲利為目標，則大多數選擇從開源節流出發。

換言之中小型製造企業打造智慧系統，關注的是效率，但得到效率的同時卻是以大量成本為代價，也就是說，並沒有真正在效率和成本之間找到平衡點。

撇開中小企業追求暴利的行為，即使是首屈一指的大型企業對於中小型產業的人工智慧應用路徑尚不明朗，應用風險、收益和成本難以準確核算，短時間內無法給出實際的解決方案，加之多年產能過剩，儘管資料量龐大，但想要實現智慧化也需要漫長的時間。

人是智慧化製造的核心

製造業的智慧化過程，與過去製造業自動化仍有實際的差異，智慧化並不等於自動化，更不等於無人化，如何走向智慧化，則關係到現階段的 AI 製造困境，以及加工製造業轉型升級的真正落實。

自動化追求的是機器自動生產，本質是「機器換人」，強調大規模的機器生產；而「智慧化」追求的是機器的柔性生產，本質是「人機協同」，強調機器能夠白主配合要素變化和人的工作。

智慧化一定不等於無人化，在推動大量智慧製造過程中，只有透過機器和人的共融，推動這種決策思考的變化，才能讓人的工作能力和方向得以拓展，讓機器的的賦能實現最大化。

因此人工智慧 + 製造所追求的，不是簡單的「機器換人」，而是將工業革命以來極度細化甚至異化的工人流水線工作，重新拉回「以人為本」的組織模式，讓機器承擔更多簡單重複甚至危險的工作，讓人承擔更多管理和創造工作。

顯然想要實現人機共融的加工製造智慧化，必然要經歷從人到機器的過程，只有當機器融合了更多智慧可能，才有可能拓展更多能力，工業機器人的應用是這一階段的重要標誌。工業機器人作為工業化和資訊化的完美結合，以其天然的數位化特性，打通了單個生產設備到整個生產網路的連接，進而支撐起第四次工業革命的應用場景。

如果説過去二十年網際網路的發展串聯了智慧時代下的每一個人，那麼未來二十年工業智慧化發展將會串連每一台工業機器人，進而帶來生產效率乃至生產方式的全面革新。

但在實現從人到機器的過程中，工業機器人還需要具有能夠在複雜和非典型的環境裡與人進行互動的屬性，只有靈活和敏捷，才能滿足人機共融的發展條件，對製造業智慧化作全面的部署。此外對於機器的部署還應具有可拓展性，即需要搭載更多智慧化平台來拓展工業製造的應用場景。

當前人工智慧與製造業的深度融合時機尚未成熟，儘管中國工業資訊安全發展研究中心《2020 人工智慧與製造業融合發展白皮書》指出，人工智慧與製造業融合應用已具備一定的基礎，但是僅僅依靠單點的人工智慧將企業升級到另外一個管理水準顯然不可取，想

要在製造的人工智慧之路上加速，更應該從產業的整條價值鏈來優化提升。

人工智慧更多的是解決產業鏈單點問題，而加工製造業的人工智慧化解決的是整條業務鏈的問題，製造業的人工智慧之路仍然漫長。

3.4 ▸ 人工智慧在零售

自 2016 年新零售概念誕生以來，幾年時間裡各種專案如雨後春筍般湧現。以阿里和騰訊為首的網際網路巨頭對線下實體商業領域大量投資佈局，打造諸多新物種，如阿里的盒馬鮮生、京東的 7fresh、美團的掌魚生鮮以及永輝的超級物種等。

但是任何新業態在發展中都不可避免地出現問題，新零售也不例外。經過 2017 年高漲的投資熱潮後，2018 年中國新零售融資數量明顯下滑，出現轟轟烈烈無人零售大規模倒閉的消息。進入 2019 年曾經風頭十足的新零售業態逐漸歸於理性，市場重新思考各種業務模式的可行性，也開始放緩腳步對之前的錯誤進行梳理。

在這樣的背景下，2020 年的疫情打破了原有的社會秩序，隨著直播帶貨的走紅，一系列雲端物聯網產業的發展，傳統行業和網際網路的融合成為趨勢，也加速了數位經濟的發展，再一次給新零售的發展提供了更多驅動力。

 **零售進化史**

回顧過去，中國的零售業發展經歷了漫長的過程，從傳統零售業到網際網路電商，兩者關係分分合合。

在上世紀 90 時代之前，中國零售業最初的形式是商店，基本上都是專業店，之後應形勢所需，專業店進行了重組，形成了百貨公司。

上世紀 90 年之後，在零售市場上，連鎖超市佔據了主流地位，同時也不乏現代專業店、專業超市和便利店等業態存在，在這個階段，相較於國外的連鎖超市，中國的超市規模較小。

資料顯示，在 2000 年中國最大的華聯超市的銷售額僅為同時期沃爾瑪的 1/80。同時各連鎖超市之間的競爭愈發激烈，使得市場不得不進入整合期。

2000 年前後，大型綜合超市、折扣店出現，以家樂福為代表的國外零售企業進入中國市場，中國零售業市場拉開了新的戰局。

2000 年之後，中國市場上大型超市的數量猛增，集零售和服務於一身的購物中心也開始出現並發展，並朝著集娛樂、餐飲、服務、購物、休閒於一身的綜合性購物中心發展，使中國市場上的零售業生態繁華似錦。

但在這繁華似錦的背後一個巨大的威脅正在逐漸逼近，網際網路以及電子商務的發展對中國傳統的零售業造成了嚴重的衝擊，很多實體店紛紛關門、部分百貨商店倒閉。

2013 年前後，受移動網路的影響，不僅零售業受到了波及，消費者的消費習慣和消費觀念也受到了影響。在這個時期，線上零售業異常火爆，線下店商異常蕭條，讓電商的重心也開始從 PC 端朝行動端轉移。

2015 年，電商進入了穩定發展階段，受「網際網路＋」和「O2O 模式」的影響，很多線下零售企業開始尋找與電商的融合發展之路。

2016 年以來，中國的零售業局面出現了很大的波動，線下大型超市相繼關閉，尤以大潤發的關店令人驚心；線上純電商的流量紅利正在逐漸消失。

2016 年 10 月 13 日，馬雲在阿里雲棲大會中表示：「純電商時代很快會結束，未來十年、二十年，沒有電子商務這一說，只有新零售這一說。」

到底什麼是新零售？馬雲對其做出的解釋是：只有將線上、線下和物流結合在一起才能產生真正的新零售，即本質上透過數位化和科技手段，提升傳統零售的效率。

新零售升級改造的方法論被越來越多的行業巨頭所採納，帶動行業大趨勢成長，以盒馬鮮生來說是阿里巴巴對線下超市完全重建的新零售業態，盒馬鮮生就是一種新零售代表的範本，其具備了阿里新零售的所有特徵，成為阿里新零售的標竿，消費者可到店購買，也可以在盒馬 App 下單。而盒馬最大的特點就是快速配送：門店附近 3 公里範圍內，30 分鐘送貨上門。

除了盒馬鮮生外，阿里還透過大量資本運作全面佈局新零售，相繼入股連鎖家電蘇寧易購以及百貨商銀泰商業、三江購物、高鑫零售，與全業態綜合體百聯集團、星巴克等達成合作。

新零售是一次服務的革命

新零售的產生和發展是由多方因素共同驅動的，包括消費升級、技術進步等外在因素，包括零售行業內部轉型等內在因素。

從外在因素來看，受到經濟發展、居民收入和人口反覆運算的影響，中國居民的消費主力正在發生轉變。

根據財富結構，雖然在貿易摩擦的衝擊下，中國居民可支配收入均值的增長未有提升，但是可支配收入的中位數增速卻逆勢上升，這表明在脫貧攻堅戰、區域協同發展等戰略的推動下，收入分配的均衡性得到顯著改善，中低收入人群相對更高的邊際消費傾向有望得到有效滿足。

對於人口結構，90 後、00 後分別開啟事業家庭的成熟期和學習成長黃金期，個人和新家庭的剛性消費需求步入漲潮期。這個人口總量高達 3.35 億的新世代成長於中國經濟的繁盛時代，具有更高的邊際消費傾向、更強的自主消費能力、多元化的品質消費需求，也更加重視零售商在內容和服務上的延展性。

當然，新零售的產生和發展離不開技術加持，新一輪的資訊化浪潮顛覆了產業生態鏈，雲端計算、大數據、物聯網、人工智慧、VR/

AR 等新一代資訊技術已經成為引領各領域創新的重要動力。就零售行業而言，技術進步推動零售領域基礎設施（流量、物流、支付、物業）的全方位變革，使其可塑化、智慧化、協同化，最終減少成本開銷並提升效率。

從整條零售產業鏈來看，數位化技術的發展為各環節（生產環節——物流環節——銷售環節）都增添了新功能。在生產環節，商品數位化可以大幅提升商品的觸及度，讓消費者更有機會參與到商品的設計環節；在物流環節，消費場景數位化打通了廠商和消費者，使消費者需求可辨識、可觸及、可洞察、可被服務，結合場景資訊有效調配上游資源，提升消費鏈條的服務效率；在銷售環節，消費體驗數位化使得消費者可以充分瞭解消費資訊、物流資訊，另外 VR/AR 技術可以為消費者提供更好的消費體驗。

從內生因素來看，線上零售紅利退去和實體零售亟待轉型給新零售創造了發展的空間。

電商對傳統零售的衝擊令實體零售企業普遍存在經營壓力。根據公開資料，截至 2020 年 3 月，中國網路購物使用者規模達 7.10 億，2019 年交易規模達 10.63 萬億元，同比增長 16.5%，網上零售額達 10.63 萬億元，其中實物商品網上零售額達 8.52 萬億元，佔社會消費品零售總額的比重為 20.7%。

相較之下，實體零售企業普遍存在經營壓力，社會消費品零售總額增速持續下滑，全國百家大型零售企業零售額累計同比增速也在小幅增長和下滑中震盪徘徊，增長乏力之下實體零售企業迫切需要轉

型和創新，新零售無疑給實體零售提供了新途徑，切實來講，新零售模式符合消費升級的社會現狀，帶動了線下市場的新消費。

此外，線上純電商的流量紅利正在逐漸消失。截至 2019 年 6 月，中國網民規模 8.54 億，其中網路購物使用者規模 6.39 億，滲透率已經達到 74.82%，繼續增長的勢頭緩慢進一步擴大至偏僻地區市場和中高年齡人群，消費能力相對有限。阿里、京東等巨頭的活躍用戶數量同比增速也一路下滑，獲客成本大幅增長。根據京東披露年報的測算，其新獲客成本已經由 2013、2014 年的 80 元左右陡增至 2018 年的 1500 元以上。

經過多年競爭，很多電商企業被淘汰，留下的企業均經營穩定、業態成熟，現有格局下，企業將不能透過簡單的價格戰掠奪份額，低價策略在前期打開市場的同時也給電商帶來利潤的反噬，產品、服務、體驗和資料將成為交易中的制高點。如果說電商的革命是為消費者提供盡可能多的商品，那麼新零售就是為消費者提供其想要的服務，可以說新零售是一次服務的革命。

🖱 人工智慧助力新零售

多方因素驅動下，新零售已是數位時代的必然趨勢，受益於零售行業的數位化轉型，人工智慧已滲透到零售各個價值鏈環節。隨著各大零售企業加入，電商巨頭和科技企業加緊佈局，人工智慧在零售行業的應用從個別走向聚合。

首先，人工智慧在顧客端實現個人化推薦，讓商家對產品和推廣策略快速調整成為可能。針對客戶群體管理方面，零售商們都在打造高效、便捷、個性化的購物體驗。AI+ 新零售透過收集和分析客戶行為資料，對客戶進行個人化推薦，使得客戶可以快速找到其想要的物品。智慧型機器人客服在降低超市人員人工成本的同時，可以24 小時不間斷地提供服務，使得消費者在需要的時候獲得及時的幫助，電腦視覺還可以在不接觸任何物品的情況下完成支付結算。

隨著大量客戶的消費資料累積，商家可以對產品研發和推廣策略進行再調整，越是瞭解客戶行為和趨勢，就能更加精準地滿足消費者的需求。人工智慧可以幫助零售商改進需求預測，做出定價決策和優化產品擺放，最終讓客戶就在正確的時間、地點與產品產生聯繫。

現今 AI 助力零售業提升供應鏈管控效率。貨物供應鏈管控方面，電腦視覺技術可以說明零售商實現商品辨識、物損檢測、結算保護等功能，這使得零售商在降低人工成本的同時提升倉儲管理的效率，傳統零售商面臨的一大挑戰就是保持準確的庫存。AI 透過打通整個供應鏈和消費側環節，消除各個環節的資料孤島效應，為零售商提供包括店鋪、購物者和產品的全面細節化資料，這有助於零售商對庫存管理的決策更加合適。AI 還可以快速辨識缺貨商品和定價錯誤，提醒員工庫存不足或物品錯位，以便獲得更及時的庫存。

AI+ 新零售模式還將依附使用者體驗重新定義零售場景，長期來看具備成本優勢，零售行業從業人員的勞動效率（商品銷售額 / 零售業從業人數）從 2018 年起開始出現下跌趨勢。電腦視覺技術和自然語言

處理技術的不斷推進，將使得零售商對具體客戶的消費行為和習慣有著更進一步的洞察力；AI 可以改變現有人工售後成本高，效率低的問題，機器人助理會使得售後環節效率大大提升。可以預見到，未來新零售場景會是一個高度語境化和個人化的購物場景。

據艾瑞研究，2018 年中國現代管道主要零售商數位化建設投入為285.1 億元，其中人工智慧投入約為 9 億元，佔比 3.15%，據預測，到 2022 年其數位化建設投入將突破 700 億元，AI 投入將超過178 億元，佔比超過 25%，得益於阿里巴巴、京東、蘇甯等零售巨頭的推動，以 AI 應用為代表的新零售概念處於上升趨勢，未來兩年將保持較高增速。

當然，新零售依舊處於摸索階段，和任何一次網際網路創新一樣，新零售的成長也一定不會一帆風順，未來幾年仍然會面臨重重挑戰。

首先，新零售涉及線上平台和線下實體商業兩類經營主體，在運營系統、行銷策略以及商品佈局等方面，都存在差異，線上線下合作的理想模式是線上平台將顧客引流至線下，線下實體店為顧客提供各種服務，彌補線上購物存在的缺陷，但是二者作為完全獨立的運營主體，在融合過程中，容易出現商品渠道、價格和物流等方面的衝突。

其次，運營成本過高導致盈利困難。新零售的發展無論是線下打造體驗店還是發展新物流配合線上，都要投入大量人力財力物力，這對於新零售企業無疑更是巨額成本。目前來看，大部分新零售專案還是虧損的，居高不下的流量、管道以及門店擴張成本拖垮了大多

數新零售企業。因此在新零售模式的探索上，很多線下零售企業受制於財務壓力，只能接受風險較低、已經跑通的改造升級模式。

此外，新零售還面臨區域擴張複製帶來的運營問題。對於很多新零售門店來說，只有擴張才能快速獲得更多用戶。但是，快速擴張在實現規模發展的同時，也為員工和產品管理帶來考驗。從 2019 年底開始，盒馬暴露出的地域歧視、餐廚垃圾混放、過期食品標籤等問題都對其形象造成一定的負面影響，說明新零售企業在供應鏈升級，尤其是產品品質管控、員工培訓和規章制度的執行等方面都需要進一步加強管理。

2020 年的疫情打破了原有的社會秩序，也加速了數位經濟的發展，人工智慧的逐步應用與落實，給新零售的發展帶來了更多驅動力，使得新零售在基礎設施建設的技術驅動下，逐步向智慧化協同的方向發展。無論是在供應鏈端，還是在人、貨、場等多維度的關聯性上面，都是基於零售業態的場景，進行智慧化轉型。

新零售作為數位經濟的一個重要組成部分，只有新零售真正深入而又全面地發展，它才會打破零售的界限，影響到更多的領域和環節。

從當下的發展情況來看，新零售已經不再是電商的專利。物流、房地產、醫療等諸多行業都在講新零售，都在透過新零售的方式進行深度賦能。這其實新零售告別孤立和片面，真正進入到新的發展階段的標誌，隨著新零售的逐漸鋪開，未來還將在更多的方面看到新零售類型的出現，也將會有更多的行業與新零售產生聯繫。

3.5 ▸ 人工智慧在農業

自古以來，農業就是人類賴以生存的根本，是國民經濟的基礎。隨著人口的快速增長、耕地面積的逐步縮減以及城鎮化的加速推進，農業面臨的挑戰日益嚴峻。為此中國內外都在探索透過資訊技術來促進農業提質增效，其中以人工智慧為基礎的智慧農業新模式得到迅速發展。

就中國來說，在「四化」同步的背景之下，糧食安全問題、農產品品質安全問題都受到高度重視。改革開放至今，中國農業發展水準大幅提高，但同時也面臨著諸如土地資源緊缺、農業產業化程度低、農產品品質安全形勢嚴峻、農業生態環境遭到破壞等問題。如何在資源緊缺的同時穩步提高農業發展水準，實現農業可持續發展，成為中國經濟社會發展中面臨的重大命題。當前如何透過人工智慧技術提高生產力，已經成為農業領域的研究與應用熱點。

⚹ 從粗放到精準的農業

廣義的農業主要包含種植業、林業、畜牧業、漁業及農業輔助性活動五大行業。目前人工智慧與農業的融合主要集中於精準農業、精準養殖和設施農業三大領域。

精準農業是 20 世紀 80 年代初國際農業領域發展起來的一門跨學科新興綜合技術，其特點是透過「3S」技術和自動化技術的綜合應用，按照農作物生長的田間每一個操作單元上的具體條件，根據

作物生長的土壤狀態，調節對作物的投入，亦即另一方面，查清田塊內部的土壤狀態與生產力空間變異，並確定農作物的生產目標，進行定位的「系統診斷、優化配方、技術組裝、科學管理」，調動土壤生產力，以最少的或最節省的投入達到同等收入或更高的收入。

隨著人工智慧、物聯網、「3S」、大數據等新一代資訊技術與農業生產的跨界融合，「精準農業」已成為合理利用農業資源、提高農作物產量、降低生產成本、改善生態環境的一種重要的現代農業生產形式。

精準養殖是指在畜牧養殖領域實現飼料精準投放、疾病自動診斷、廢棄物自動回收等智慧設備的開發利用和互聯互通，創新基於網際網路平台的現代畜牧業生產新模式。像是國外的大型自動化雞場，運用人工智慧、物聯網、大數據技術建立養雞自動化生產線、自動清理糞便系統、智慧化撿蛋系統和智慧化分揀系統；中國農業大學李道亮教授帶領的科研團隊開發了水產養殖監控管理系統。

精準養殖系統透過手機、PAD、電腦等資訊終端，即時掌握養殖水質環境資訊，獲取異常報警資訊及水質預警資訊，可根據水質監測結果，即時調整控制設備，實現水產的科學養殖與管理，達到節能降耗、綠色環保、增產增收的目標。

就目前而言，精準養殖的應用類型相對較少，主要是透過圖像辨識、聲音辨識等技術提高畜禽存活率，提升產品品質。精準農業領域中，人工智慧在衛星遙感、智慧農機、農業物聯網等技術與設備

的配合下，在播種、施肥、灌溉、除草、病蟲害防治、採摘分揀等環節都已實現小規模應用。

設施農業是近年來迅速發展起來的具有較高集約化程度的新型農業產業，是現代農業的重要組成部分。透過物聯網，採集溫室內的空氣溫濕度、土壤水分、土壤溫度、二氧化碳濃度、光照強度等即時環境資料，利用電腦、手機實現對溫室大棚種植管理智慧化調溫、精細化施肥，可達到提高產量、改善品質、節省人力、提高經濟效益的目的，實現溫室種植的高效和精準化管理。

1974 年日本就開始了人工光植物工廠研究，截至 2016 年底日本擁有 254 家植物工廠，從數量、面積、產量等維度來看，均為全球第一。溫室建設大型化，室內技術整合化，產品種類多樣化，操作技術機械化，生產技術工廠化，覆蓋材料多樣化，栽培技術無土化，防治技術生物化是日本設施農業的主要特點。

日本最大的植物工廠 Spread 公司每天可以生產近 25,000 株生菜，每年可生產 900 萬株。目前植物工廠已成為全球，尤其是經濟發達地區，解決人口資源環境及食物數量與品質安全等突出問題、發展現代農業的重要途徑，它被認為是繼陸地栽培、設施園藝、水耕栽培等依序發展之後的又一新技術，也被稱為「第四農業」。

🖱 打造資訊綜合服務平台

打造資訊綜合服務平台是人工智慧在農業方向的另一個方向的重要應用。

大數據 AI 技術深度融合農業全產業鏈資料資源，建立多源異構資料深度融合的農業綜合資訊服務平台，將為農業產前、產中、產後提供智慧決策服務。透過深度學習提供農作物病蟲害圖像辨識診斷、透過建立農業技術知識圖譜，提供農技即時機器智慧問答服務和智慧診斷服務、提供農產品價格即時預警和語音互動問答、提供農產品供求預警分析和智慧匹配交易服務等。

實現農業資訊服務智慧決策、電腦輔助人腦、某些方面替代人腦，人工智慧決策替代人腦決策，實現農業資訊服務智慧語音精準推送服務。建設核心農作物單品資料庫、知識圖譜、作物生長模型等決策模型並與物聯網智慧資料、無人機資料、衛星資料等深度融合，提供全產業鏈資訊指導決策，透過大數據人工智慧技術賦能農業資訊服務向縱深發展，實現農業資訊服務高效便捷智慧和自助化應用。

中國利用人工智慧、網際網路技術搭建電商平台進行線上行銷，能夠最大限度地利用優勢線上線下一體化，來高效整合資訊資源，降低農業生產成本，改善供應商與農戶關係。

像是採用智慧手機 APP、微信等電子商務平台，建立線上和線下（O2O）相結合的農產品交易平台。同時，基於物聯網和移動網技術對農業生產、流通過程的資訊管理和農產品品質的追溯管理、農產品生產檔案（產地環境、生產流程、品質檢測）管理、建立基於網站和手機簡訊平台的農產品品質安全溯源體系，可實現「從田間到餐桌」的全程品質和服務的追溯，提升可溯源農產品的品牌效應，確保農產品品質安全。

當前，對於農業領域大數據時代下人工智慧技術的研究尚屬起步階段，還有諸多問題亟待解決。但在大數據盛行的時代，如何運用人工智慧技術從海量農業資料中發現知識、獲取資訊，尋找隱藏在大數據中的模式、趨勢和相關性，揭示農業生產發展規律，以及可能的應用前景，值得人們更多深入的探索與研究。

3.6 ▸▸ 人工智慧在城市

隨著新基建的加速推進，圍繞智慧城市的技術、政策、生態正在成為全球每一個經歷科技革命洗禮的城市的共同命題。對於一座城市而言，應該討論的已不是「要不要發展智慧城市」，而是當智慧城市浪潮來臨時，如何把握從數位化、智慧化到智慧化的未來城市航向。

智慧城市是人工智慧應用場景最終落實的綜合載體，隨著 AI 等前沿技術的融入，城市基礎設施得到了創新升級，將全方位助力城市向智慧化方向發展。同時，伴隨著城鎮化進程的不斷加快，中國城市發展目前遇到人口密集、能源結構單一、資源配送效率低、交通物流風險大、垃圾回收利用率低、空氣品質不佳等痛點，也從另一個方面催生了對人工智慧產業發展的要求。

🖱 智慧城市不是簡單的智慧城市

智慧，通常被認為是有著生命體徵和諸多身體感知的生物（人類）才有的特點，因此智慧城市就好像被賦予了生命的城市。事實上城

市本身就是生命不斷生長的結果，「智慧城市」則是一個不斷發展的概念。

最初智慧城市被用來描繪一個數位城市，隨著智慧城市概念深入人心，在更廣闊的城市範疇內不斷演變，人們開始意識到智慧城市實質上是透過智慧地應用資通訊技術，以及人工智慧等新興技術手段來提供更好的生活品質，以及更加高效地利用各類資源，實現可持續城市發展的目標。

城市的成長始終和技術的擴張緊密相關，從過去人們想像中的城市，到用眼睛看到的城市，再到由英國建築師羅恩‧赫倫所提出的「行走的城市」。藉助網際網路、物聯網、雲端計算以及大數據的便利，城市從靜態逐漸向動態延伸，這集結了所有現代科技的城市現狀，則被蘊含在「智慧城市」的概念裡。

智慧城市的技術核心是智慧計算（Smart Computing），智慧計算具有串聯各個行業的可能。例如城市管理、教育、醫療、交通和公用事業等，城市是所有行業交叉的載體，未來智慧計算將是智慧城市的技術源頭，將影響到城市運作的各個方面，包括市政、建築、交通、能源、環境和服務等，涵蓋面非常廣泛，儘管學界對於智慧城市的定義各有側重，但在實際操作中普遍認同維也納工大魯道夫‧吉芬格教授 2007 年提出的「智慧城市六個維度」，分別是：智慧經濟、智慧治理、智慧環境、智慧人力資源、智慧機動性、智慧生活。

智慧經濟主要包括創新精神、創業精神、經濟形象與商標、產業效率、勞動市場的靈活性、國際網路嵌入程度、科技轉化能力；智慧治理主要包括決策參與、公共和社會服務、治理的透明性、政治策略與視角；智慧環境包括減少對自然環境的污染、環境保護、可持續資源管理；

智慧人力資源包括受教育程度、終身學習的親和力、社會和族裔的多元性、靈活性、創造力、開放性、公共生活參與性；智慧機動性包括本地協助工具、（國家間）無障礙交流環境、通訊技術基礎設施的可用性、可持續、創新和安全、交通運輸系統；智慧生活（生活品質）包括文化設施、健康狀況、個人安全、居住品質、教育設施、旅遊吸引力、社會和諧。

這六個維度全面涵蓋了城市發展的各個領域，尤其除了城市的物質性要素以外，還將社會和人的要素納入其中，並將高品質生活和環境可持續作為重要的目標。要讓城市更智慧，關鍵在於如何利用資通技術創造美好的城市生活和環境的可持續，實現的途徑包括提升經濟、改善環境、強化完善城市治理，跟城市空間相關的是提升交通（機動性）的效率，核心問題是社會和人力資源的智慧化。

🖱 人工智慧建設未來城市

人工智慧是建設未來智慧城市的重要技術之一，為了解決目前城市發展中遇到的一系列痛點，引領城市實現健康舒適、碳排放不斷減少、具備高安全性、生活高度便利化等美好願景，可將人工智慧技

術應用於城市基礎設施系統，透過在城市各大綜合載體中先行建立，最終推廣至整個城市層面，最終組建完善的智慧城市基礎設施創新系統。

人工智慧在城市基礎設施系統中的應用主要可分為城市綠地系統、交通系統、物流系統、循環系統、能源系統等創新系統。

（一）綠地系統

綠地系統是指透過打造城市智慧水資源管理體系，以即時應對全球氣候變化對城市水環境造成的影響，最終實現節約迴圈、環境適應、安全使用的目標。在實施過程中，先行在城市綜合載體展開海綿城市和雨水花園技術的應用，建立城市智慧綜合管線，透過結合形成更加成熟的海綿城市運營管理模式。同時可將綠地系統與污水與廢物垃圾處理系統、能源系統有機結合，貫徹實施迴圈經濟的理念。

（二）交通系統

在未來智慧城市中，人和城市的需求將作為出發點，積極回應未來人工智慧技術的發展，搭建各類智慧交通應用場景，創造更加高效、活力、可持續的智慧交通出行體系。

2020 年疫情期間，城市的傳統交通運轉被按下「暫停鍵」，以通訊網路、人工智慧技術為代表的資訊服務不僅調節了常規的城市交通網路服務，凸顯了資訊化背景下遠端協作模式的潛力，使得城市依舊能保持「活力」。

透過資訊化和智慧化的便民服務技術，中國成功扭轉了在疫情防控前期出現的阻斷有力但保障不足的現象（如中轉旅客滯留、醫護人員通勤困難、封閉社區居民就醫出行不便等）；透過重新組織調配運力，有序恢復了交通運輸服務，保障了重點人群出行順暢。高速、便捷的通訊網路和適宜的軟體平台透過提供高畫質直播、遠端會議等服務功能，不僅為居民生活和及時復工提供了便利，也保障了城市防控治療工作的基本需要。

（三）物流系統

自動化流轉的物流系統以低成本、高效化和安全化為目標，透過自動化、智慧化手段解決物流「最後一公里」難題，提升物流配送效率，降低成本，並顯著改善街道交通環境。像是荷蘭城市地下管網中，就在城市綜合載體內預留地下物流系統的管線，安裝無線充電基礎設施。

疫情期間，雖然嚴格的居家隔離政策普遍限制了居民出行，但是資訊化技術有效保障了居民生活物資需求。以網路購物平台為基礎，用配送與收貨資訊搭建「配送熱力圖」，科學規劃路線，提高配送效率。

針對居民對社區公共服務的需求，以疫情為契機，政府社區加快公共服務平台的資訊化進程，被動式回應轉變為積極主動式服務，獨立分割的平台組合為一個綜合共用平台，「跑零次」和「影片辦」開始成為新常態。新冠疫情背景下，凸顯出未來城市建設中，健全應急物資儲備機制、完善智慧健康服務體系、建設社區自組織和應對管理模式的必要性，以實現災害救助的當地語系化。

（四）循環系統

固廢處理循環系統以資源化、減量化、無害化為目標，依託氣力自動系統、垃圾分類中心等設施和技術減少城市溫室氣體排放，提高可回收資源利用率。

在具體操作層面，可在城市綜合載體內建設智慧垃圾分揀、厭氧有機廢物發電系統和針對幹垃圾和濕垃圾應用氣力輸送系統和餐廚處理系統，並結合智慧廢物資訊監控管理網路更好地把控和運營。

（五）可持續建造

可持續的能源系統以高效化、靈活性、可再生為目標，依託分散式能源、廢水餘熱熱泵、冷熱電聯產、微電網、蓄能技術等實現能源的節約和迴圈使用。在具體操作層面，近期可在城市綜合載體內嘗試結合廢水餘熱熱泵、垃圾焚燒發電等技術形成符合迴圈經濟理念的能源鏈，並在啟動區優先採用太陽能、風能等可再生能源供給，使用分散式能源供給綜合功能片區。

在「智慧城市」以前

智慧城市的發展，最終目的是為了建設更加高品質城市生活和更加可持續的城市環境，但顯然，中國現階段的智慧城市建設依舊是不完善的。疫情猶如大考，凸顯智慧城市功能和成績的同時，也暴露出當前建設中存在的問題。

對於資料的管控來說，運用資訊化手段服務疫情防控和復工複產時，各地政府面臨的最大挑戰正來自資料，包括資料獲取不充分、流通不順暢等。比如，在疫情防控中，一些城市醫療資源、防疫物資、企業產能資料缺失，只能採取傳統手段臨時報數，資訊僵化、重複採集等問題突出，無法支撐防疫指揮機關進行有效調配。

在推進復工複產時，面對跨區域人員流動帶來的防疫壓力，各地資料無法流通互認，與醫療、公安、交通等資訊難以第一時間互融，為精準把握外來人員健康狀況帶來了一定的難度。

智慧城市透過資料來實現對現實社會的映射，只有做到資料完整和流通順暢，才能在海量資料中捕獲有價資訊，實現智慧賦能發展。在以城市、部門為主體的發展實踐中，仍有不少資料存在明顯的區域、部門邊界，如社保資訊、婚姻資訊、個人房產資訊等，仍儲存於地方各部門資料庫之中，缺乏有效的溝通，為實現智慧城市應有功能人為設置了障礙。

此外，個人資訊安全的保護措施亟待完善。疫情期間收集的大量資訊，為疫情防控提供了有效支援，但同時也使個人資訊安全面臨嚴峻挑戰，比如個人在透過企業建立的平台進行資訊上傳時，存在如何避免資訊洩露或被企業利用的問題。

隨著疫情的緩解，大量個人健康資訊是否需要進行銷毀等應做出規劃，避免佔用過多的資訊儲存資源。防止使用者資訊洩露是智慧城市建設的底線，也是未來智慧城市面臨的最大挑戰，應從制度和技術兩個層面加強設計，對資料進行分類和分層管理，加強重要資訊安全的保護力度。

智慧城市為城市的未來發展創造無限的可能性，智慧城市也不再只是一種「技術承諾」，是一種以人為核心的數位社會與現實世界融合互動的「權利介面」，不僅包含了技術能力、政策設計與應用體驗的實現，還包含了數位倫理、數位公平以及數位素養的規範與提升。

3.7 ▶ 人工智慧在政府

每一次科技革命，都對人類政治文明的重大轉型舉足輕重。

第一次工業革命時期，英國社會形成了以工具理性為基礎的官僚式組織，相應的政府管理理念及組織形式亦成為世界性的早期治理現代化範本。

第二次工業革命產生了新的動力系統，驅動專業化分工和流水線式生產模式的形成，韋伯意義上的官僚式成為全球政府組織的主流形式。

第三次工業革命以電腦和資通訊技術為標誌，促進了服務型經濟和電子政務的產生，以無間隙政府、新公共管理等政府改革為標誌對傳統官僚式組織形式進行了白我調適。

伴隨著資訊技術革命走向縱深，新興科技的快速反覆運算和滲透，以大數據、人工智慧等為代表的技術，將人類社會推向了第四次工業革命，新技術發展的速度和廣度，以及其對經濟社會產生的影響，都是前幾次工業革命無法比擬的。

第四次工業革命最顯著的特徵就在於數位技術的發展和擴散，進一步促成物理、數學、生物領域邊界的融合，從根本上改變了人們的生活、工作以及互動的方式。同時深刻影響著國家治理及政府改革創新，以資料驅動和數位治理為核心特徵的數位政府建設，成為全球政府創新的核心議題。

如今起步於 20 世紀 90 年代的數位政府建設，重新走上了一個關鍵節點。

😼 在數位時代建立數位政府

數位政府的建立離不開數位時代的框架。

20 世紀中葉開始，數位化革命在全球興起。在過去的幾十年中，隨著計算能力的大幅提升和相應成本的下降，數位技術得到了長足發展，在今天已經形成了一個相互依賴和相互作用的數位技術生態系統，包括物聯網、5G、雲端計算、大數據、人工智慧等。

顯然，每一個技術的發展都蘊藏著無限的發展機會和應用的可能，技術之間的相互結合建立的數位技術生態系統，則具有比單一技術發展更強的功能。數位生態系統產生了廣泛的經濟、社會和政治影響，並推動整個經濟和社會的轉型，即數位化轉型。

在社會數位化轉型背景下，對於以政府為核心的公共部門而言，其面臨的壓力和挑戰更為突出。

一方面，是政府公共部門如何更好地發揮其作用和職能，以解決數位社會所面臨的諸多新的問題和挑戰，化解新的風險和可能出現的危機，建立一個包容性、值得信賴，可持續發展的數位社會。儘管這是人類社會共同的挑戰，但政府在其中扮演的角色和職責意義重大。

包容的數位社會，不僅僅意味著網路和數位的可及性，更重要的是讓每一個人都能夠獲得數位社會發展的福利。值得信賴的數位社會，是建立在信任基礎上的，在資料環境下，隱私、安全、責任、透明和參與都是信賴的基礎所在，可持續的發展的數位社會，意味著確保經濟、社會、環境的共生和共同發展。

另一方面，是政府如何應對數位經濟和社會的轉型，建立數位政府，為社會創造更大的公共價值，政府作為頂層建築而存在，所有的政策都要靠政府去推動。因此政府的數位化轉型是一項系統工程，它既是技術變革，也是流程再造的制度變革。

數位政府既是「數位中國」的有機組成，也是驅動數位中國其他要素貫徹執行的引擎（比如營商政策、治理環境等）。可以説，數位政府的建立對於縮小數位鴻溝、釋放數位紅利，支撐共產黨和國家事業發展，促進經濟社會均衡、包容和可持續發展，提升國家治理體系和治理能力現代化都具有重要意義。

事實上，政府對於社會數位化轉型挑戰的不同方面的回應，也對應了數位政府發展的不同方面。

更好地發揮政府的作用和職能，即運用數位技術進行治理，引入新興治理技術提升政府治理能力，是運用大數據、雲端計算、物聯網、人工智慧等新興技術，可以為政府治理進行全方位的「技術賦能」。政府在社會數位化轉型階段為社會創造更大的公共價值，即運用數位技術賦權社會，提升政府參與和協同能力的價值。

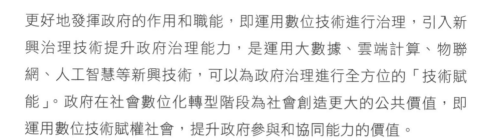 人工智慧賦能數位政府

人工智慧在建立數位政府降本增效方面具有突出成果。

中國在城鎮化戰略的大力推動下，已經成為全球城市化率增長最高的國家，2018 年，中國城市化水準達 60%，城市人口約為 7.3 億，預計 2050 年城市化率將超過 80%，城市人口規模也將進一步擴大。如此大的城市人口數量將產生大量的政府事務，透過機器人流程自動化（RPA）、人工智慧技術的應用，能夠將行政人員從固定、重複的工作中解放，提升政務效率，專注於提升城市品質、優化居民生活環境中。

人工智慧賦能一切背景下，人臉辨識、自然語言處理等技術應用能夠增強政府服務能級，提升辦公效率，為企業、居民提供便捷、快速的服務，為智慧決策提供助力。

其中，政務服務是數位政務建設的核心之一，也是推進速度最快的領域之一。中國各地政府也在透過建設一站式服務平台積極推進政務智慧化。

深圳公安局將傳統的視窗「面對面」排隊向網上辦理轉變,「刷臉」就可以進行戶政辦理,同時基本建成全市統一的政務資訊資源分享體系,彙集 29 家單位的 385 類資訊資源、38 億多條資料,為政務服務全面智慧化提供資料支援。杭州建立一體化的智慧電子政務管理體系,數位城管、規劃系統、財政系統業務系統在電子政務外網得到整合,並提供一站式服務。

現階段,由於政府各部門仍存在各自為政的問題,並且各部門的智慧化需求差異較大,因而企業向政府提供智慧化系統仍是針對某一政務領域的。例如,神州泰岳向地稅局提供中文文本分析,並轉化為機構化資料,同時在網路上檢索各類資料,挖掘企業關係、股東關係等為稅務人員進行稽查提供便利。

在人工智慧技術的推動下,政府服務將朝著更具人性化與針對性的方向發展。一方面面向居民與企業的公共服務,將更加符合人的習慣,而非現階段單純依靠線上介面,另一方面人工智慧的決策將更加有效,精度大幅提升,處置方案更加靈活。

人工智慧在城市安全中所起的作用日益突出。相較於以往的數位安防,人工智慧防護系統呈現出即時性、智慧化兩大特點,提升了公共安全管理力度。智慧城市在中國的建設逐步走向高潮,隨著各省市對這一建設的重視程度不斷加深,公共安全作為其核心內容之一有著更為廣闊的發展空間。

從人工智慧在公共安全中各環節扮演的角色來看,利用人工智慧技術進行模型訓練,能夠提升警務效率。當前,影片監控為防護的主

要手段，人工智慧參與到影片圖片中的資訊提取，進而建立模型，主要包括行為人、隨行人員、車輛、周邊物品的特點與行為，獲得高階語義、強表達能力的特徵，分類儲存。

當警務人員需要使用資訊時，人工智慧則可透過行為人車物特徵、時間段、區域等條件搜索，或是以事件（現場圖片）進行搜尋，實現高效篩選，加之以警調系統中的手機號、車票和住宿資訊，能夠快速勾勒出行為人的行動軌跡，提高抓捕、尋人等警務的辦案效率，實現「利用科技手段提升警力」的目的。

此外，人工智慧可賦能多種防護情景，應用廣闊像是，城市防護（智慧城市）、社區防護（智慧社區）、校園防護（智慧校園）、園區防護、廠區防護等。此外，還有針對諸如演唱會等大型活動現場、機場、火車站等公共交通樞紐的防護等。

目前，藉助人工智慧技術，防護由被動監控向主動預警發展。一方面，利用人工智慧和大數據技術，可以對大型公共場所和道路進行監控，當流量超過閾值時則提醒採取限流等措施，實現人流管控和交通疏導。

另一方面，可利用大數據進行潛在犯罪的預判，結合行為人先前犯罪前科等資料，對其可疑行為（如購買違禁品、在特定地點蹲點徘徊等）進行辨識和預警。得益於人工智慧技術的發展，人工智慧＋防護正在由被動防護向主動預警發展。

數位政府是一項慢工出細活的系統工程，需要相關主體針對性去設計符合城市發展的頂層思路，圍繞政務資料做出最大化創新。但無

疑，起步於 20 世紀 90 年代的數位政府建設，如今在人工智慧技術的盛行下，已經走在了一個關鍵節點。

3.8 ▸▸ 人工智慧在司法

人工智慧技術的進步正在以前所未有的廣度和深度改變著人類生活的各個方面。人工智慧作為新一代科技革命的重要力量，發展人工智慧將有利於提升國家國際地位。

在人工智慧帶來的技術革命中，把人工智慧技術應用到司法審判領域，符合中國的國家戰略。透過人工智慧對司法全流程的錄音、錄影，將有效實現對司法權力的全程智慧監控，減少司法的任意性，減少司法腐敗、權力尋租的現象。

基於現實層面的需求和技術層面的可能性，人工智慧進入法院將成為人工智慧時代下的必然趨勢。事實上，隨著近年來中國法院系統司法改革的日益深化，以人工智慧為代表的「智慧法院」作為技術改革的主要體現已經被進一步地予以明確。

🖱 人工智慧回應司法需求

人工智慧得以進入法院的背後，離不開人類科學技術條件的進步，和司法理論框架的更新和完善。

一方面，以大數據、網際網路、雲端計算等為代表的數位技術的發展，為人工智慧在司法應用領域提供了技術條件，在機器學習後，

透過大數據技術將各個部門的大數據進行分類組合，進而進行類案推送等方面的應用。

另一方面，法律形式主義為人工智慧技術進步提供理論支援。法律形式主義把法律法規作為前提，然後進行案件分析，並能夠對案件的結果作出裁決。其核心在於，法律制度是一個封閉的邏輯自足的概念體系，根據這一原理，機器就可以進行法律推理，對案件得出裁決。

事實上，隨著人工智慧的發展，將人工智慧引入司法領域，正符合司法實踐的需要。及至今天，中國法院仍然面臨著案多人少的問題。自 2013 年以來，尤其是 2015 年立案登記制度以來，地方各級人民法院在 2015 年到 2018 年受理案件逐漸增多，審結、執結的案件也逐漸增多。

在法官審理的案件數量在逐漸增多的同時，複雜、新型案件種類也在增加。在網際網路的日益普及和深入應用下，更多新型樣態的社會糾紛的頻現，比如虛擬財產糾紛、資料權利糾紛、資訊網路安全案件等一些完全依賴於資訊技術，只能發生於網際網路的糾紛。而這些，都需要法院的受理。

另外，隨著中國法官員額制的改革過程，法官人數不增反降，案件越多，就意味著審理週期越長，降低了案件審理效率，這不僅不利於中國司法進程的前進，更不利於提高法院的公信力。

除了滿足人民日益增長的司法需求，司法體制改革的需要也是人工智慧進入司法體系的重要因素。人工智慧技術具有資料分析、分類

整理以及記憶檢索等功能，人們可以利用這些功能，處理一些簡單重複的操作，特別是在處理簡單案件工作中，極大程度上提高了司法工作人員的工作效率。

同時，把人工智慧與司法體制改革相結合，是中國深化司法體制改革的重要支撐，尤其是在推進以審判為中心的訴訟制度改革中，透過強化資料的深度，把統一的證據標準加入到資料化的程式中，有利於提高審判效率，維護社會正義。

人工智慧藉助於深度學習，可以在非常短的時間內學習完成各種法律法規以及過往代表性的公平、公正的審判案例，並且按照法律規則與程式進行證據的甄別與篩選，然後按照設定的法律規則與證據規則進行審理、裁決。

顯然，人工智慧司法的推進，除了可以在最大的程度上杜絕司法腐敗或人為各種因素所造成的司法不公行為；更將優化司法配置，在最大的程度上縮減不必要且臃腫行政編制，降低財政負擔，並且能藉助於人工智慧法院讓一二三四線，以及偏遠的地區都能享受公平公正的司法環境。

從技術支援到技術顛覆

科技在重塑司法系統的方式上主要有三種表現。首先，在最基本的層次上，技術可以對參與司法系統的人們提供資訊、支援和建議，即支援性技術，技術可以取代原本由人類執行的職能和活動，即替代性技術。

最後，在第三層次上，技術可以改變司法人員的工作方式並提供截然不同的司法形式，也就是所謂的顛覆性技術，尤其體現在程式顯著變化和預測分析可以重塑裁判角色的地方。

當然，就目前來說，大多數受技術支援的司法改革都集中於技術創新的第一和第二層次——最新的技術發展補充並支援了許多以法院為基礎運行的程式。

其中，第一層次的支援性創新，使得人們能夠在網路上尋求司法服務，並透過網路的資訊系統獲取有關司法流程、選擇和替代方案（包括法律替代方案）的資訊。人們也越來越多地在網上尋找並獲得法律支援和服務，近年來，可提供「非捆綁式」法律服務的線上律師事務所的增長十分顯著。

對於第二層次的「替代性」技術方法，一些網路資訊（包括數位視訊）、視訊會議、電話會議和電子郵件可以補充、支援和代替許多面對面的現場會議。在這個層級，技術能夠支援司法，甚至在一些情況下，可以改變法院舉辦聽證會的環境像是線上法院程式已經越來越多地被運用於特定類型的糾紛和與刑事司法有關的事項。

人工智慧與司法的結合直接打開了第三層次的改變和顛覆。人工智慧在資料庫建立的背景下，透過自然語言處理、知識圖譜等人工智慧技術，對案件的事實進行認定，透過人工神經網路提取案件的資訊，建立模型，運用搜尋功能，在大量的資料庫中，找到相類似的案件，進行自動的推送。

像是上海法院的 206 系統，就能夠透過對犯罪主體、犯罪行為、犯罪人的主觀因素、案件事實、案件爭議焦點、證據等要素形成機器學習的樣本，為司法人員進行案例推送，進而為法官提供審判參考。

該系統還可以把多個資料進行整合，從不同角度分析案件的事實，然後進行法律的選擇，實現從立案到庭審整個環節都有智慧型機器的輔助。案件審判輔助系統還可透過學習大量案件，學會提取、校驗證據資訊並進行案件判決結果預測，為法官的判決提供參考。

在這樣的背景下，人工智慧可以多方面地為法官提供支援甚至有可能取代法官。在墨西哥，人工智慧已經能夠進行較簡單的行政決策，墨西哥專家系統目前在「確定原告是否有資格領取養老金」時，就為法官提供了建議。

顯然，更重要的問題已經從技術「是否」將重塑司法職能，變成技術會在何時、何種程度上重塑司法職能。時下，人工智慧技術正在重塑訴訟事務，法院的工作方式也會發生巨大變化。在不久的未來，更多法院將會繼續建設和拓展線上平台和系統，以支援歸檔、轉送以及其他活動，這些變化則進一步為人工智慧司法的成長提供了框架。

當今時代，以資訊技術為核心的新一輪科技革命正在孕育興起，人工智慧日益成為創新驅動發展的先導力量，深刻改變著人們的生產生活。網路化、數位化和智慧化的深度交融發展，已經成為當下社會變革不可逆轉的根本趨勢，有力推動著社會發展。

網際網路以及人工智慧疊加當前中國習近平主席所推行的法制中國的理念，正在為數位法院的實現提供更大的推力，但在那之前，我們也還需要更多的建設與探索。

3.9 ▸▸ 人工智慧在交通

技術只有同人類命運緊密相連時，才能展現技術的革命性意義。在人工智慧時代以前，交通工具的發展經歷了幾大階段。從最原始人的雙腳，到被人類馴化的馬、驢以及馬車、牛車等，同時轎子與畜力工具長期並存。隨著蒸汽機出現，汽車、火車代替了原始的交通工具。

人工智慧的發展，使得與汽車相關的智慧交通生態的價值正在被重新定義，交通的三大元素「人」、「車」、「路」被賦予類人的決策、行為，整個交通生態也也會發生巨大的改變。強大的計算力與海量的高價值資料成為構成多維度協同交通生態的核心力量。隨著人工智慧技術在交通領域的應用朝著智慧化、電動化和共用化的方向發展，以無人駕駛為核心的智慧交通產業鏈將逐步形成。

🖱 無人駕駛走向落實

時間重回 1925 年 8 月，人類歷史上第一輛無人駕駛汽車正式亮相。這輛名為 American Wonder（美國奇跡）的汽車駕駛座上確實沒有人，方向盤、離合器、制動器等部件也是「隨機應變」的。

無人車之後，工程師 Francis P. Houdina（法蘭西斯‧P. 霍迪尼）坐在另一輛車上靠發射無線電波操控前車。他們穿過紐約擁擠的交通，從百老匯一直開到第五大道，這場幾乎可以被看作是「超大型遙控」的實驗，帶著對無人駕駛車機械化的理解，今天依舊不被業界普遍承認。

1939 年，摩天大樓開始在美國的土地上不斷出現，「大蕭條」後逐漸恢復信心的人們懷揣著對未來的美好願景。在這一年的紐約世界博覽會上，通用汽車搭建的 Futurama（未來世界）展館前排起了長龍，人群爭相湧入，希望一探「未來」的模樣。

設計師 Norman Bel Geddes（諾曼‧貝爾‧格迪斯）在自己 1940 年出版的《Magic Motorways》（神奇的高速公路）一書中進一步解釋：人類應該從駕駛中脫離出來。美國高速公路都會配有類似火車軌的東西，為汽車提供自動駕駛系統，汽車開上高速後就會按照一定的軌跡和程式列進，駛出高速後再恢復到人類駕駛，對這一設想，他給出的時間表是 1960 年。

也許是理想比較豐滿，現實相對骨感，20 世紀 50 年代當研究人員開始按照設想進行實驗，才認清了困難，但在這之後，實現無人駕駛的技術探索在各處展開。

1966 年，智慧導航第一次出現在美國史丹佛大學研究所裡，SRI 人工智慧研究中心研發的 Shakey 是一個有車輪結構的機器人，在它身上，內置了感測器和軟體系統，開創了自動導航功能的先河。

1977 年，日本的築波工程研究實驗室開發出了第一個基於攝影機來檢測前方標記或者導航資訊的自動駕駛汽車。這意味著，人們開始從「視覺」角度思考無人車的前景，導航與視覺一起，讓「地面軌道派」壽終正寢。

1989 年，美國卡內基梅隆大學率先使用人工神經網路來引導自動駕駛汽車，即便那輛行駛在匹茲堡的翻新軍用急救車的伺服器有冰箱這麼大，且運算能力只有 Apple Watch（蘋果智慧手錶）的 1/10，但從原理上來看，這項技術和今天無人車控制策略一脈相承。

和全球的發展節奏相近，從 20 世紀 80 年代起，中國也開始了針對智慧移動裝置的研究，起始專案同樣源於軍用。1980 年國家立項了「遙控駕駛的防核化偵察車」專案，哈爾濱工業大學、瀋陽自動化研究所和國防科技大學三家單位參與了該專案的研究製造，20 世紀 90 年代初，中國也研製出了第一輛真正意義上的無人駕駛汽車。

自 2000 年以來，關於汽車的智慧化功能開始出現。GPS、感測器為無人駕駛的出現提供了資料和應用上的支援和準備，從 GPS 的推廣開始，各科技和汽車廠商開始了大規模個人交通的資料累積，這些資料使人工智慧得以透過海量資料學習駕駛要領。感測器在汽車中的應用使汽車具備了局部即時感應和判斷的能力，例如汽車的 ABS、安全氣囊和 ESC 等都從功能上輔助了汽車舒適度和安全性的提升。真正的汽車智慧化開始於 21 世紀的第二個十年，隨著 Google 在人工智慧技術上的率先發力，關於應用於汽車中的人工智慧也相繼出現，主要功能體現在車道變更，停車入庫等多個方面。

無人駕駛的現況與未來

在對自動駕駛汽車的描述上，SAE 的六個等級分別是非自動化、輔助駕駛、半自動化、有條件的自動化、高度自動化和全自動化。

L0 被稱為「非自動化」（No Automation），是駕駛員具有絕對控制權的階段。

L1 被稱為「輔助駕駛」（Driver Assistance），在 L1 階段系統在同一時間至多擁有「部分控制權」，要麼控制轉向，要麼控制油門剎車。當出現緊急情況突發時，司機需要隨時做好立即接替控制的準備，在這個階段人們需要對周圍環境進行監控。

L2 被稱為「半自動化駕駛」（Partial Automation）。與 L1 不同 L2 階段轉移給系統的控制權從「部分」變為「全部」，也就是說在普通駕駛環境下，駕駛員可以將橫向和縱向的控制權同時轉交給系統，在這個階段人們需要對周圍環境進行監控。

L3 被稱為「有條件地自動化」（Conditional Automation），是指系統完成大多數的駕駛操作，僅當緊急情況發生時，駕駛員視情況給出適當應答的階段。此時系統接替人類，對周圍環境進行監控。

L4 被稱為「高度自動化」（High Automation），是指自動駕駛系統在駕駛員不做出「應答」的條件下，也可以完成所有的駕駛操作的階段。此時系統僅支援部分駕駛模式，並不能適應於全部場景。

L5 被稱為「高度自動化」（Full Automation），與 L0、L1、L2、L3、L4 最為主要的區別在於，系統能夠支援所有的駕駛模式，在這一階段中，駕駛員將不再成為控制主體。

從技術的發展來看，目前中國外智慧駕駛技術多處於 L2 至 L3 的水準。值得一提的是相較 2 級自動駕駛，從 3 級自動駕駛開始意味著車輛在該功能開啟後，將會完全自行處理行駛過程中的一切問題，包括加減速、超車、甚至規避障礙等，也意味著若發生事故，責任認定正式從人變為車。

可以説，L3 處於自動駕駛的承上啟下的階段，L3 的自動駕駛技術是自動駕駛技術中區分「有人」和「無人」的一條重要的分割線，是低級別駕駛輔助和高級別高度自動駕駛之間的過渡。

L2 級別自動駕駛中主要還是以人為主體，該級別的自動駕駛系統僅僅還是輔助。L2 多對應的是目前常見的 ADAS（先進駕駛輔助）技術，包括了諸如 ACC（主動定速）、AEB（自動緊急煞車）和 LDWS（車道偏移警示系統）的輔助駕駛功能，車輛的駕駛者必須還是駕駛員本人。

而 L3 則真正做到了「無人」，自動駕駛系統完成了絕大部分的駕駛判斷與動作。車機系統在特定條件下開車，但遇到它緊急情況還是仍有車主進行決策，其所謂的條件包括了這麼幾個功能元素：高速公路引導（HWP、0-130km/h）、交通擁堵引導（TJP、0-60km/h）、自動泊車、高精地圖＋高精定位。

無人駕駛的興起與「人工智慧」的蓬勃發展密不可分。人類駕駛汽車的過程粗略拆分，可以分為幾個步驟：首先觀察周圍車輛情況、交通號誌燈，然後依據自己的目的地方向，透過油門、剎車和方向盤，進行加速／減速、轉彎／變道，以及剎車的操作。這個過程在無人駕駛的研究中被細分為感知層、決策層和控制層，從推演，感測器、機器以及人工智慧演算法的結合，將完全超越人類駕駛的過程。

然而，這個看似完美無瑕的推演卻不得不面臨技術的困境，儘管有組合式的感測器可以汽車為中心進行 360° 全覆蓋掃描；以 AlphaGo 為代表的機制智慧已經證明了在速度、精確度等方面機器可以遠超過人類；當機器做出決策後，透過線控系統將信號傳遞到汽車的轉向系統、制動系統和傳動系統，可以確保訊號的快速性以及準確性，人工智慧下的感知、決策和控制似乎分別達到了朝越人類的水準。但正如前人工智慧頂尖學者，史丹佛大學的李飛飛教授在與歷史學者，《人類簡史》、《未來簡史》作者，尤瓦爾・赫拉利（Yuval Noah Harari）對談中強調的，世界的存在不是兩個群體，真實的社會遠比這個複雜，除了演算法之外，還有很多玩家和規則。在無人駕駛研究進入深水區的時候，感測器、晶片以及資料的問題也在逐漸暴露。

從無人駕駛的感測器角度，作為外部路況探測的感測器，其收集的資訊將作為駕駛決策的輸入，是駕駛決策的重要保障。可以說，沒有完整的資訊，就不可能支援決策系統做出正確、安全的駕駛決定。雖然眾多的感測器在單一指標上可以超越人眼，但是融合的難

題以及隨之而來的成本困境，成為無人駕駛演進過程中面臨的第一個嚴峻考驗。

多感測器的問題同時也埋下了其他隱患，那就是晶片的性能。如果需要更全面的瞭解外部路況資訊，就需要部署更多的感測器；更多的感測器就對相容性提出了更高的要求，在高速度傳遞的情況下，路況資訊的變化所帶來的資料資訊也更為海量。

根據英特爾的測算，一台無人駕駛的汽車，配置了 GPS、攝影機、雷達和雷射雷達等感測器，每天將產生約 4TB 待處理的感測器資料，如此巨大的資料量必須有強大的計算設備來支撐。即使是 NVIDIA 這樣的頂級 GPU 企業，在算力和功耗的平衡上幾乎達到了天花板。所以近年來，許多專用計算平台走進人們的視野，包括 Google 投入應用的 AI 專用晶片 TPU、中國頂尖創業公司地平線推出的 BPU，特斯拉也在投入鉅資進行無人駕駛晶片的研究。在短時間內，這都將是無人駕駛要跨越的巨大技術障礙。

除了現階段面臨的技術瓶頸，在後續的商業化開發上，無人駕駛也將持續面臨商業和技術上的矛盾。從商業的邏輯上來說，無人駕駛在一二線城市，甚至是城市的中心區域，可以產生最大的商業價值。但是從目前的技術條件來說，無人駕駛無法一步到位進入一二線城市，還需要更多的測試進行驗證，以保證安全性和可靠性，簡言之，當前的道路測試還不能推動大規模無人駕駛汽車的普及。

無人駕駛一旦上路出現事故將面臨用戶的信任危機，因此，無人駕駛在城市的郊區（或者新區）進行封閉場地測試以及公開道路測

試，便成為了過渡方案。目前為了保證車輛上路的安全性，無人駕
駛車輛必須要進行模擬測試和封閉場地測試，並且在此基礎上逐漸
在開放道路進行測試。

道路被重新定義

在城市化過程中，交通是經濟社會發展的命脈。如今我們的交通方
式相比從前已經發生了巨大的變化。無論是交通方式的多樣性，還
是交通的便捷度、舒適度、安全性，都得到了全方位的提升。但我
們依舊面對道路擁堵、停車困難、交通事故頻繁等諸多問題。

交通系統具有時變、非線性、不連續、不可測、不可控的特點，在
過去缺少資料的情況下，人們在「烏托邦」的狀態下研究城市道路
交通。但隨著即時通訊、物聯網、大數據等技術的發展，資料獲取
全覆蓋、建立交通系統逐漸成為了可能，一場交通系統的革命已經
到來。

智慧交通協同發展將成為一種趨勢，車輛的自主控制能力不斷提
高，完全自動駕駛最終將實現，進而改變人車關係，將人從駕駛中
解放出來，為人在車內進行資訊消費提供前提條件。

車輛將成為網路中的資訊節點，與外界進行大量的資料交換，改變
車與人、環境的互動模式，即時感知周圍的資訊，衍生更多形態的
資訊消費。

未來，隨著自動駕駛的普及，大部分人不再需要購買一輛屬於自己的汽車，交通可以作為一項按需提供的服務，將道路、汽車等資源充分進行共用，進而提高社會的整體運行效率。

這些人工智慧的網聯汽車的發展，使得人們的交通行為發生極大的改變。在雙手可以從方向盤解放出來之後，隨之一同解放出來的時間為娛樂、資訊、辦公、傳媒等應用打開了巨大的服務內容市場。這些新型應用場景將產生足以重塑整個汽車產業、顛覆汽車所有權和流動性等現有概念的力量。

道路將被重新定義，未來的道路將是智慧化的數碼道路，每一平方米的道路都會被編碼，用無源射頻識別技術（RFID）來發射信號，智慧交通控制中心和汽車都可以讀取到這些訊號包含的資訊，透過RFID 可以對地下道路、停車場進行精確的定位。

依據科學技術發展的趨勢，未來的道路交通系統必然會打破傳統思維，側重體現出人類的感應能力，車輛智慧化和自動化是最基本的要求，降低交通事故導致的人員傷亡事件，道路的交通承載能力也會大幅提升。當然，這一切得以實現的基礎，是必須確保通訊技術高速、穩定和可靠。

往後先進的資訊技術、通訊技術、控制技術、傳感技術、計算技術會得到最大限度的整合和應用，人、車、路之間的關係會提升到新的階段，新時代的交通將具備即時、準確、高效、安全、節能等顯著特點，智慧交通系統必將掀起一場技術性的革命。

3.10 ▸ 人工智慧在服務

作為自動執行工作的機器裝置，近年來，隨著人工智慧互動技術的應用，機器人的智慧化程度有了顯著的提升，並開始逐漸進入應用落實的階段。考慮到機器人在高空、水下、自然災害等特殊環境下的應用現狀，中國業內將機器人分為工業機器人、服務機器人和特種機器人三類。

根據國際機器人協會（IFR）的初步定義，智慧服務機器人是指以服務為核心的自主或半自主機器人。服務機器人與工業機器人的區別在於應用領域不同：服務機器人的應用範圍更加廣泛，可從事運輸、清洗、安保、監護等工作，但不應用在工業生產領域。

與工業機器人相比，服務機器人智慧化程度更高，主要是利用優化演算法、人工神經網路、模糊控制和感測器等智慧控制技術來進行自主導航定位以及路徑規劃，可以脫離人為控制自主規劃運動，人工智慧技術的浪潮疊加新冠肺炎疫情的催化，服務機器人價值得以凸顯。

從代替輔助到創新服務

根據應用領域的不同，目前服務機器人可分為個人（家庭）服務機器人和專業服務機器人兩大種類。個人（家庭）服務機器人包括家政機器人、休閒娛樂機器人以及助老助殘機器人，專業機器人則包括物流機器人、防護機器人、場地機器人、商業服務機器人和醫療機器人。

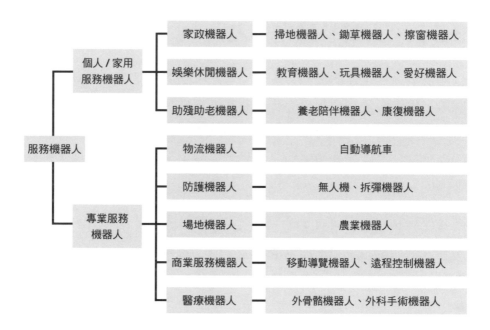

雖然不同品類的服務機器人應用場景各不相同，但從產品作用的角度，可以分為替代人類、輔助人類、創造新領域三大類。在不同需求類別的服務機器人裡，都已經誕生成功落實的企業案例。像是用以替代人類的配送機器人雲跡科技、輔助人類的工業級無人機和航拍無人機、製造新領域的家庭陪護機器人等。

從替代人類的角度來看，行業驅動力是服務產業的自動化需求，即「機器換人」。根據國家統計局資料，中國第三產業在 GDP 中的佔比持續提升，2019 年已達到 53.9%，第三產業吸納了超過 45% 的就業人員，是第二產業的 1.7 倍。

在工業化時代，汽車、電子、家電等製造行業的自動化需求拉動了工業機器人的蓬勃發展，隨著第三產業的崛起，醫療、物流、餐飲等服務行業的自動化需求有望拉動相應的服務機器人品類的需求。

尤其是在高風險的服務型行業，比如醫護、救援、消防等，機器換人的需求更強，這在新冠疫情中就可見一斑。

疫情期間，配送機器人不僅減少了醫護人員頻繁接觸患者和病毒的可能性，也在一定程度上減輕了醫護人員的勞動強度。在此次疫情中普渡科技、塞特智慧科技的配送機器人都實現了較好的應用，可根據醫院需求執行遞送化驗單、藥物、食品等工作，節省了醫護人員的精力並降低了感染的風險。

企業復工後，辦公室對智慧配送機器人的需求也會大幅增長。辦公室是人流高聚集地，其中辦公樓中的電梯更是高危場景，來往人員在取餐時容易導致交叉感染，配送機器人或者說送餐機器人的功能便可以解決最危險的一環。上海的一些辦公室內已經配備了無人配送機器人。經過物業測溫的外賣員或快遞員將外賣和快遞放進機器人後就能離開，機器人可自行透過閘機、電梯等，負責將物品送到各個樓層，這樣能避免外送或快遞在樓下堆積、用戶領取時出現聚集等問題。

從輔助人類的角度來看，服務機器人透過人工智慧、運動控制、人機互動等技術，能有效提升人類現有的工作效率。這類機器人並不替代人類，而是以協作的形式共存，此類服務機器人價格主要以其對提高人類工作的價值為參考。

隨著生活節奏的加快，人們希望從繁瑣的家務中解脫出來，家政機器人的出現使人們的生活更加便利，滿足了人們追求高品質生活的需求。同時年輕一代消費者對於智慧產品的消費需求不斷升級，從

智慧手機到智慧穿戴、智慧家居、智慧車載等，從單純的工具性應用到情感交流、日常陪護，服務機器人正逐漸成為人們日常生活的一部分。

對於創造新領域來説，隨著行業的發展，服務機器人也開始在「人做不到的事」和「人不願意做的事」上不斷涉水，進而創造出新的需求。像是一些專業機器人在極端環境和精細操作等特殊領域中的應用，比如達文西手術機器人、反恐防暴機器人、軍用無人機等。

其中，達文西手術機器人可以輔助醫生進行手術，可以完成一些人手無法完成的極為精細的動作，手術切口也可以開的非常小，加快患者的術後恢復。反恐防暴機器人可用於替代人們在危險、惡劣、有害的環境中進行探查、排除或銷毀爆炸物，此外還可應用於消防、搶救人質、以及與恐怖分子對抗等任務；軍用無人機可應用於偵察預警、追蹤定位、特種作戰、精確引導、資訊對抗、戰場搜救等各類戰略和戰術任務，在現代軍事領域得到了極為廣泛的應用。

🖱 大有可為的未來

隨著應用場景和服務模式的不斷擴展，目前服務機器人的市場需求量不斷上升，服務機器人市場規模不斷擴大。根據中國電子學會報告，預計 2021 年全球機器人市場規模將達到 365.1 億美元，2013-2021 年年均複合成長率為 12%。其中工業機器人 181.4 億美元，服務機器人 131.4 億美元，特種機器人 52.3 億美元。

另外 2013-2021 年全球服務機器人銷售額年均複合增長率為 19.2%，增速高於機器人整體市場，全球服務機器人在全球機器人市場中的結構佔比逐年提高，預計 2021 年所佔比重將達到 36%。

對於中國來説，2019 年中國機器人市場規模增長至 86.8 億美元，服務機器人市場規模為 22 億美元，在中國機器人市場中佔比迅速提升，預計 2021 年所佔比重將達到 31.6%，服務機器人市場規模將達到 38.6 億美元，約佔全球市場的近 30%。可以説，全球範圍內，服務機器人產業都已經迎來發展熱潮。

與此同時，包括 5G、人工智慧、雲端計算等相關技術的發展，正在推動服務機器人自身技術與功能的演進，朝著感知更靈敏、控制更精細、人機互動更智慧方向不斷發展。

5G 技術具備高速率、低時延、大連接能力等特徵，能夠即時傳輸海量資料，為服務機器人的即時應用提供網路支持，促進機器人完成更複雜、對智慧化要求更高的工作。一方面藉由 5G 技術，相關資料能快速傳輸至雲端，為接待機器人的客戶分析、新零售機器人行銷決策等提供資料支撐；另一方面，5G 技術增強雲端能力，為接待機器人的遠端診療、機械臂的遠端控制等功能優化提供高速穩定的網路支援。

此外以 SLAM、機器視覺、語音互動、深度學習等為核心的 AI 技術不斷發展，能夠推動服務機器人智慧決策能力和場景覆蓋範圍的提升。

利用 SLAM 技術，能夠準確引導和定位，實現自主規避障礙物，大大提升了遞送機器人、掃地機器人工作效率和安全性。利用機器視覺技術，遞送機器人能夠實現視覺主動互動和輔助導航避障等功能；新零售機器人能夠透過人臉辨識，進行需求智慧分析。突破自然語言處理、深度學習等技術限制，語言溝通和情感交流能力將得到顯著提升，接待機器人、陪伴機器人等將得到更進一步發展。

不難想像，服務機器人未來在公共衛生系統的智慧化管理、應急物資的智慧化調配，以及家用陪伴等領域都將大有可為。

3.11 ▸ 人工智慧在教育

人類總是藉助於工具認識世界。工具的發明創新推動著人類歷史的進步，同樣教育手段方法的變革創新也推動著教育的進步與發展，人工智慧介入教育正在流行。

人工智慧改變教育，是一個必然且正在發生的事實。就像電腦技術誕生與發展迅速深刻地改變著人類的生活方式一樣，如今在商業、交通、金融、生產等領域，電腦都已經和正在顛覆著傳統的模式，教育也不例外。

🖱 人工智慧融合教育

人工智慧和教育的融合，首先就體現在教育模式和方法的改變。法國學者莫納科（James Monaco）認為，教育的變革大約經歷了四

個主要階段：依靠人與人之間直接傳遞的表演階段，依靠語言文字間接傳遞的表述階段，依靠聲音圖像記錄的影像階段和依靠人人平等互動的資訊技術階段。

此外不同的階段，教育的方法也各不相同，包括學即獲得資訊的方法、教即傳播資訊的方法以及教學互動的方法。不論是教育階段的演進還是教育方法的變化，技術都是其中驅動教育變革的關鍵力量。

在表演階段，獲取資訊的手段比較單一，完全依靠口耳相傳，其教育形態的典型代表是私塾，規模小，沒有個人化教育。

在表述階段和影像階段，造紙術、印刷術和影像技術出現，改變了口口相傳的教育模式，教師不再是獲取資訊的唯一來源，教和學有了相對分離的可能性。這個時候的各級各類學校有了一定的規模，公立學校以服務大多數人的知識水準為主，主張大規模，強調效率優先，主張以知識傳播為主要目的的，教師、教材、教室的「三教」中心格局相當穩定，成為教育的「鐵三角」。

現代的資訊技術則突破了同位元集中式教育模式的時空局限。人工智慧技術的賦能，使知識的傳遞更加快捷平等，傳授方式、模式發生著深刻變化，令教育的發展速度比近代歷史上任何時期都要快。

人工智慧讓知識點的教與學更加精準。人工智慧技術可以大規模滿足用戶的個人化學習需求，針對學習管理環節、學習評量環節和認知思考環節三管齊下，來完成整個輔助學習功能的場景閉環。對於

學生來說，人工智慧可以從學習方式和需求入手，針對不同的學生生成個人化和客製化的學習方案，同時提供高效的學習體驗和課後追蹤服務。對於教師來說，可以透過收集學生回饋來提升教學品質和完善教學細節，智慧評測系統則能根據具體學生的情況，為教師提供精準的協助建議，實現教學的高效化。

利用人工智慧進行學習畫面，人工智慧教育平台則是產業智慧化的基石。智慧教育平台的搭建包括兩個方面，分別是學生資料收集和資料深度分析。智慧教育平台除了可以完整追蹤並記錄學生的線上學習過程，還應對每一位學生的實際資料，包括檔案資料、學習成績、時間資料、掌握知識情況、特長愛好、閱讀資料等進行記錄和儲存。然後，智慧教育平台再透過人工智慧技術去預測學生的學習偏好、特長特點、智力水準、學習薄弱環節等，最後延伸出職業發展、專業發展等。所有的這些做法都將從學生一入學就將開始，讓每個學生都能接受適合自身特點的個人化學習，創造出了一種個人化的教育模式。

傳統教育行業的學習資源往往是預設型，顯然，所有的預設型學習資源無法覆蓋每一個學生的每一個需求。人工智慧與教育的結合則以個人化學習手冊為載體動態生成學習資源，將進一步實現因材施教目標，提升教師教學與學習品質，在一定程度可以改善教育資源配置問題，促進教育均衡化、可負擔化。

「AI+ 教育」產品及服務已經開始在幼教、K12、高等教育、職業教育等各類細分賽道加速落實，主要應用場景包括拍照搜題、分層

排課、口語測評、組卷閱卷、作文批改、作業佈置等。就目前而言，「AI+ 教育」的應用場景還只是停留在學習過程的輔助環節上，越是週邊的學習環節，越先被智慧化，越是內核的學習環節，越晚被智慧化。未來隨著教育測量學和人工智慧技術的進一步發展，人工智慧有望逐步滲透到教學的核心環節中去，從根本上改進用戶的學習理念和學習方式。

人工智慧賦能學校，將改變辦學形態，拓展學習空間，提高學校服務水準，形成更加以學習者為中心的學習環境；人工智慧賦能教育治理，將改變治理方式，促進教育決策科學化和資源配置精準化，加快形成現代化教育公共服務體系。

🖱 教育受技術驅動，但不是技術本身

人工智慧介入教育正在流行。接納一些現代工具和技術，以變革教育，促進教育效率和教育品質的提高是必要且必須的。但同時教育也遵循著技術應用必然面臨的倫理矛盾，從技術發展史來看，圍繞各種新技術的產生和應用，人類總是會遇到新的問題，這些問題往往並不局限於技術和應用層面，更多的是人文和倫理挑戰。

教育是一個系統的過程，在這個過程中我們培養個人的自主感、禮儀和責任感。教育是一種結構，教育還是一種架構，是一輩人從上一輩人那裡繼承了智力結構和學習技能，然後在教育這個架構中逐漸建立起個人與集體認同。

資訊技術可以為教育添磚加瓦，促進教育效率的提高，但人們需要確定的是，這些技術可以保證良好的學習成果，而不是把人類尊嚴放在草率、損耗和算術度量之前。在人工智慧介入教育時代，我們不得不重新思考那個老生常談的話題——什麼樣的教育才是好的教育？

教育的技術化不是「泛技術化」，教育的技術理性也絕不是工具性教育。在教育與技術的融合發展中，技術給予教育現代化的教育手段，也為教育目標的實現提供了諸多便利，人們普遍對技術表現出推崇和樂觀，積極嘗試各種新技術給教育帶來的便利。然而過分依賴「技術支援」，一味地追求「技術革新」，盲目推動教育的技術化進程，往往導致技術理性對價值理性的僭越，使教育陷入「泛技術化」的窠臼。

透過人工智慧監控學生學習狀態或實行強管控治理多次登榜熱點新聞，引發熱議。事實上，當一味地迷戀於手段，去追求控制學習的技術性，往往忽視了對教育中「為什麼而治理」、「什麼樣的治理才是好治理」等具有價值追求的思辨和考量，以至於忽略教育管理的價值本源與倫理審視。

儘管人工智慧技術可以對受教育者進行細緻、全面的行為和認知管理，一切學習因素都可以透過強大的演算法進行量化考核。但要知道，技術背後往往預示著一種理想生活方式，包含了人們想瞭解的最重要的問題——也是人們經常忽視的問題。

在人工智慧介入教育下，人們視學習成果為利潤率，計算技術和基礎設施是投資回報的紅利，甚至將學生當作工業資源一般去評估他

們習得「工作技能」的能力，卻漸漸忽略了透過反思、聯繫語境的手法全面創造意義的能力，和感性的詩意相比，人工智慧讓人們更重視理性的精度。

在技術和教育的融合發展中，教育承載了太多的希望，因而在投入和產出之間，人們總是希望週期越短越好，差距越小越好，教育的功利化正是功利主義和實用主義的縮影，人們對教育外在目標的追求高於教育內在價值的追求，技術理性幫助教育實現了短時間內輸送「教育產品」的目的，教育儼然變成了一場競賽。

在人工智慧教育時代下，教育在追逐「技術的創新」和「傳統的變革」的同時，受教育者也被動的融入這一趨勢中，不斷地調整學習以適應社會和教育的變革，在這一過程中，教育的目的不再聚焦於「人性」的豐富，而僅僅為了適應社會、適應市場。

技術對於人類社會發展的意義毋庸置疑，對教育亦如是，沒有技術的支持，人類無法創造出一個以人為主導性的世界，「人類文明」也是技術進步內在價值的體現。但越是在技術與社會生活緊密聯繫的時代下，卻越要警惕技術帶來的社會之變，人類的教育不會受技術的約束，也不應由技術來定義。

教育受技術驅動，但不是技術本身。有鑑於此，教育既要積極擁抱新技術，將技術進步作為高等教育變革的有效動力，也要在教育的技術理性與價值理性的權衡融合中，守住教育本真生命體的底線，至始至終人都是教育的原點，育人是教育的根本，這也是人之所以為人的奧義。

3.12 ▶ 人工智慧在創作

隨著人工智慧技術不斷發展，影響到的行業範圍也變得越來越廣，尤其是在各行各業的實踐與應用，從醫療教育到司法金融，無不呈現出一片「百花齊放」的盎然景象。

人工智慧技術除了廣泛滲入社會的生產和生活，過去被人們視之為「彰顯人類獨創性」的審美藝術領域，也因人工智慧的勃興經歷著前所未有的變革。

人工智慧不斷進步打破了對人類智慧的單一模仿，具備計算智慧、感知智慧和認知智慧的人工智慧，除了勝任自動駕駛、圖像辨識等工作外，也已經能夠在深度學習的基礎上對自然語言進行處理、以創作者的身份參與創造性的生產。

但這也同時引起了廣泛爭議。不同於機械化的生產，人工智慧進化出的創造性直接挑戰著人類的獨特地位以及長遠價值，並進一步引發人工智慧是否會取代人類的生存焦慮。

在未來每個人都將被各種各樣的人工智慧所環繞，並呈現出高度端性的特點，預見未來的最好方式就是去創造未來。面對人工智慧對人類創造性生產所產生的衝擊，在可能與不可能之間，究竟會達到何種地步？這值得我們認真審視。

人工智慧重建創作法則

一直以來在人工智慧領域，科學家們都力爭使電腦具有處理人類語言的能力，從文學界詞法、章句到篇章進行深入探索，企圖令智慧創作成為可能。

1962 年，最早的詩歌寫作軟體「Auto-beatnik」誕生於美國，1998年「小說家 Brutus」已經能夠在 15 秒內生成一部情節銜接合理的短篇小說。

進入 21 世紀後，機器與人類共同創作的情況更加普遍，各種寫作軟體層出不窮，使用者只需輸入關鍵字就可以獲得系統自動生成的作品。北京清華大學「九歌電腦詩詞創作系統」和微軟亞洲研究院所研發的「微軟對聯」是其中技術較為成熟的代表。

隨著電腦技術和資訊技術的不斷進步，人工智慧的創作水準也日益提高。2016 年人工智慧生成的短篇小說被日本研究者送上了「星新一文學獎」的舞臺，並成功突破評委的篩選、順利入圍，表現出了不遜於人類作家的寫作水準。

2017 年 5 月，「微軟小冰」出版了第一部由人工智慧創作的詩集《陽光失了玻璃窗》，其中部分詩作在《青年文學》等刊物發表或在網際網路發佈，並宣佈享有作品的著作權和智慧財產權。2019年，小冰與人類作者共同創作了詩集《花是綠水的沉默》，這也是世界上第一部由智慧型機器和人類共同創作的文學作品。

值得一提的是，2020 年 6 月 29 日，經上海音樂學院音樂工程系評定，人工智慧微軟小冰和她的人類同學們，上音音樂工程系音樂科技專業畢業生一起畢業，並授予微軟小冰上海音樂學院音樂工程系 2020 屆「榮譽畢業生」稱號。

人工智慧創作作為創造性生產的一種全新生成方式，不同於一般對人類智慧的單一模仿，呈現出人機協同不斷深入、作品品質不斷提高的蓬勃局面。人工智慧的創作實踐也在客觀上推動了既有的藝術生產方式發生改變，為新的藝術形態做出了技術上和實踐上的必要鋪墊。

人工智慧作為一種新的技術工具和藝術創作的媒介，革新了藝術創作的理念，為當代藝術實踐注入了新的發展活力。對於非人格化的智慧型機器來說，「快筆小新」能夠在 3-5 秒內完成人類需要花費 15-30 分鐘才能完成的新聞稿件，「九歌」可以在幾秒內生成七言律詩、藏頭詩或五言絕句。

人工智慧擁有的無限存儲空間和永不衰竭的創作熱情，隨著語料庫的無限擴容而孜孜不倦地學習能力，都是人腦儲存、學習與創作精力無法超越的。

另一方面，人工智慧在與人類作者合作轉化成文本的過程中打破了創作主體的邊界，成為未來人格化程度更高的機器作者的先導。像是對於微軟小冰，研發者宣稱它不僅具備深度學習基礎上的識圖辨音能力和強大的創造力，還擁有 EQ，與此前幾十年內技術中間形態的機器早已存在本質差異。正如小冰在詩歌中作出的自我陳述：「在這世界，我有美的意義。」

人工智慧挑戰人類創造性

人工智慧挑戰人類的創造性已經成為一個既定的事實，爭議也隨之而來。其中最重要的爭議則在於對創造人性的挑戰。

傳統創作中，創作主體人類往往被認為是權威的代言者，是靈感的所有者，正是因為人類激進的創造力，非理性的原創性，甚至是毫無邏輯的慵懶，而非頑固的邏輯，才使得目前為止，機器仍然難以模仿人的這些特質，使得創造性生產仍然是人類的專屬，且並未萌生過創作主體的非人式思維與現實。

隨著人工智慧創造性生產的出現與發展，創作主體的屬人特性被衝擊，藝術創作不再是人的專屬。

從模仿的角度來看，即人工智慧透過對已有作品的模仿，可以創作出與之風格相似的作品，此種情況藝術創造仍然具備藝術領域獨特的存在價值，只是在重複創作或機械複製階段不再需要人的存在，就好像工業時代機器的出現，代替勞動力進而提高生產力。

但不可否認，即便是模仿式創造，人工智慧對藝術作品形式風格的可模仿能力的出現，都使創作者這一角色的創作不再是人的專利。「創造」的可複製，使主體的「作者之死」程度不斷地趨向徹底，這其中作為始終「在場」的語言成為了人工智慧「仿作」實現的仲介式顯象，人工智慧複製式創作的實現，使人類在創作中的消失成為可能。

但就目前來說，人工智慧的行為都只是行為，不具有意識性，更進一步的擔憂則表現在意識流到資料流程的變化，或者資料流程對於意識流的功能替代。

如今人工智慧對人的智慧性替代仍處於不斷學習、發展的階段，並呈現出領域內的專業化研究趨勢。當人工智慧對人專業能力的取代後，在實現其跨領域的通用能力時，它毋庸置疑地會成為「類人」甚至是「超越人」的存在，這也暗示了未來人工智慧的發展，將會很快的從現在專注於人工智慧的技術，轉向專注人工智慧主體。

人們或多或少都會對未來的超級智慧有自己的想像，樂觀也好或消極也好，一個不可否認的趨勢就是，弱人工智慧走向強人工智慧正在發生。

一是高度擬人的互動正滲透在人們社會生活的各方各面，人工智慧開始人格化，開始像人類一樣，對人性和情感有一個理解和擬合。蘋果的 Siri 早已產品化，不同類型的陪伴機器人也正從情感和人性的擬合角度縱深發展著。

二是人工智慧的主體不僅僅只是依賴某一個領域的人工智慧的技術，更是走向技術的全面性和後台的人工智慧框架的完整性，包括對自然語言處理、電腦視覺、語音處理等技術的融合。

三是人工智慧的數量正以幾何級數增長。在未來每個人都將被各種各樣的人工智慧所環繞，並呈現出高度端性的特點。比如 Alexa，亞馬遜給予了其最多的硬體覆蓋；而微軟的小冰則擁有全球最大的人工智慧的互動量。

回到人工智慧對創作主體人的衝擊裡，會發現人工智慧進入創作領域並非是對以「人」為核心的一切的否定。人工智慧技術帶給人們對於藝術創作領域新的思考，但有一件事始終未變，即人類本身，因此創作者應更加注重對於創意性、思想性和獨特性的空間領域開發。

技術的進步將會帶給藝術世界顛覆性的改變，審美藝術如何在新一輪技術革命中獲得新生值得思考。在未來的藝術時代，人與智慧技術將實現高度融合，而人工智慧技術在藝術中的應用成效也會超過目前人類對藝術的認知，如何重建美的法則，將創造與互動結合，值得我們認真審視。

MEMO

CHAPTER

04

人工智慧連接元宇宙

4.1 ▶ 元宇宙是什麼？

元宇宙（Metaverse）最早出現在科幻小說作家尼爾・史蒂文森（Neal Stephenson）1992 年出版的的第三部著作《雪崩》（Snow Crash）中。小說中，史蒂文森創造出了一個並非以往想像中的網際網路，而是和社會緊密聯繫的三維網際空間——元宇宙。在元宇宙中，現實世界裡地理位置彼此隔絕的人們可以透過各自的「化身」進行交流娛樂。

主角 Hiro Protagonist 的冒險故事便在這基於資訊技術的元宇宙中展開，Hiro Protagonist 的工作是為已經控制了美國領土的黑手黨送披薩。在不工作的時候，Hiro Protagonist 就會進入到元宇宙，在這個虛擬實境中，人們擁有自己設計的「化身」，從事世俗的情感互動，比如談話、調情，以及非凡的深度交流，比如鬥劍、雇傭軍間諜等活動。

元宇宙的主幹道與世界規則由「電腦協會全球多媒體協定組織」制定，開發者需要購買土地的開發許可證，之後便可以在自己的街區建立小街巷，修造大樓、公園以及各種違背現實物理法則的東西。

《雪崩》以後，1999 年的《駭客帝國》、2012 年的《刀劍神域》以及 2018 年的《頭號玩家》等知名影視作品則把人們對於元宇宙的解讀和想像搬到了大銀幕上。從《雪崩》到《駭客帝國》，再到《頭號玩家》，總體來說元宇宙是一個超脫於現實世界，又與現實世界平行、相互影響，持續圍繞線上的虛擬世界。

 關於宇宙的宇宙

一方面 Metaverse 一詞由 Meta 和 Verse 組成，Meta 表示超越，Verse 代表宇宙（universe），合起來通常表示「超越宇宙」的概念。另一方面關於「元」在流行文化中的用法可以用一個公式來描述：元 +B= 關於 B 的 B。當我們在某個詞上添加首碼「元」的時候，比如「元認知」就是「關於認知的認知」；「中繼資料」就是「關於資料的資料」；「元文本」就是「關於文本的文本」；「元宇宙」也就是「關於宇宙的宇宙」。

顯然不論是「超越宇宙」還是「關於宇宙的宇宙」，元宇宙都是與現實宇宙相區別的概念。實際上人類在更早以前就有了另一個與現實宇宙相區別的宇宙，那就是想像的宇宙，包括文學、繪畫、戲劇、電影，人們幻想出的虛構世界，幾乎是人類文明的底層衝動。正因為如此，才有了古希臘的遊吟詩人抱著琴講述英雄故事，才有了詩話本裡的神仙鬼怪和才子佳人，才有了莎士比亞的話劇裡巫婆輕輕攪動為馬克白熬制的毒藥，還有那些電影戲劇裡讓觀眾感受著別人人生的故事。

在過去，想像中的宇宙和現實中的宇宙是壁壘分明的，人們不可能走進英雄故事裡與英雄一同冒險，也不可能見識到神仙鬼怪，感受奇異與鬼魅，不可能與虛構的人物對話，參與虛構人物的人生。但是隨著科技的發展，虛構宇宙和現實宇宙之間的界限開始打破，當虛擬宇宙越來越與現實宇宙互相融合時，元宇宙也就隨之誕生了。

網際網路的終極形態

網際網路的誕生是元宇宙的開始。網際網路 1.0 時代是一個群雄並起的時代，也是網路對人、單向資訊唯讀的入口網站時代，是以內容為最大特點的網際網路時代。網際網路 1.0 的本質就是聚合、聯合、搜尋，其聚合的物品是巨量、蕪雜的網路資訊，是人們在網頁時代創造的最小獨立的內容資料，比如部落格中的一篇網誌，Amzon 中的一則讀者評價，Wiki 中的一個條目的修改。小到一句話，大到幾百字，音訊檔、影片檔，甚至使用者每一次支持或反對的點擊。事實上在網際網路問世之初，其商業化核心競爭力就在於對於這些微小內容的有效聚合與使用，Google、百度等有效的搜尋工具，一下子把這種原本微不足道的離散價值聚攏起來，形成一種強大的話語力量和豐富的價值表達。

但不可否認，儘管網際網路 1.0 代表著資訊時代的強勢崛起，但那時，網際網路的普及度依舊不高，網際網路 1.0 只解決了人對資訊搜尋、聚合的需求，沒有解決人與人之間溝通、互動和參與的需求。網際網路 1.0 是唯讀的，內容創造者很少，絕大多數使用者只是充當內容的消費者，而且它是靜態的，缺乏互動性，存取速度比較慢，用戶之間的互動也相當有限。

20 世紀初，網際網路開始從 1.0 時代邁向 2.0 時代，如果說網際網路 1.0 主要解決的是人對於資訊的需求，網際網路 2.0 主要解決的就是人與人之間溝通、交往、參與、互動的需求。從網際網路 1.0 到 2.0，需求的層次從資訊上升到了人，雖然網際網路 2.0 也強調

內容的生產，但是內容生產的主體已經由專業網站擴展為個體，從專業組織的制度化、組織把關式的生產擴展為更多「自組織」的、隨機的、自我把關式的生產，逐漸呈現去中心化趨勢。個體生產內容的目的，也往往不在於內容本身，在於以內容為紐帶、為媒介，延伸自己在網路社會中的關係。因此網際網路 2.0 使網路不再停留在傳遞資訊的媒體這樣一個角色上，而使它成為一種新型社會的方向上走得更遠，這個社會不再是一種「擬態社會」，是與現實生活相互交融的一部分。

部落格是典型網際網路 2.0 的代表，它是一個易於使用的網站，用戶可以在其中自由發佈資訊、與他人交流以及從事其他活動。部落格能讓個人在網際網路上表達自己的心聲，獲得志同道合者的回饋並進行交流，部落格的寫作者既是檔案的創作人，也是檔案的管理人。部落格的出現成為網路世界的革命，它極大地降低了建站的技術門檻和資金門檻，使每一個網際網路用戶都能方便快速地建立屬於自己的網上空間，滿足了使用者由單純的資訊接受者向資訊提供者轉變的需要，時下流行的微博，正是從部落格發展而來的。

隨著網際網路愈發普及和推廣，網際網路虛擬世界的模擬程度也越來越強，人們得以真正進入網際網路時代，並從網際網路 2.0 向 3.0 躍遷。網際網路 3.0 時代正是網際網路向真實生活的深度和廣度進行全方位的延伸，進而逼真地全面模擬人類生活的程度的時代。

大致來說，網際網路 3.0 將是一個虛擬化程度更高、更自由、更能體現網民個人勞動價值的網路世界，同時是一個融合虛擬與物理實體空間所建立出來的第三世界，一個能夠實現如同真實世界那樣的虛擬世界。網際網路 3.0 的全部功能所建立的景觀，正是元宇宙所指向的最終形態，元宇宙代表了第三代網際網路的全部功能，是網際網路絕對進化的最終形態，更是未來人類的生活方式。

元宇宙連接虛擬和現實，將豐富人的感知、提升體驗，延展人的創造力和更多可能。虛擬世界從物理世界的類比、複刻，變成物理世界的延申和拓展，進而反過來反作用於物理世界，最終模糊虛擬世界和現實世界的界限，是人類未來生活方式的重要願景。

4.2 ▸ 元宇宙需要人工智慧

元宇宙是虛擬世界和現實世界界限打破的結果，是虛擬世界和現實世界日益融合的未來。在這個過程中，一系列「連點成線」的科學技術的進步和產業聚合，就是打破虛擬和現實的界限，促進虛擬和現實融合的重要力量。

賈伯斯曾提出一個著名的「項鍊」比喻：iPhone 的出現，串聯了多點觸控屏、iOS、高圖元攝影機、大容量電池等單點技術，重新定義了手機，開啟了激蕩十幾年的移動網際網路時代。隨著算力持續提升、VR/AR、區塊鏈、人工智慧、數位孿生等技術創新逐漸融合，元宇宙也走向了「iPhone 時刻」，人工智慧更是出演關鍵角色，對元宇宙的發展具有重要的作用。

人工智慧三要素

資料、演算法和算力是人工智慧三大核心要素。

資料是人工智慧發展的基石和基礎，人工智慧的實質是對人類智慧的模擬。也就是説，人工智慧如果要像人類一樣獲取一定的技能，就那必須經過不斷地訓練才能獲得，只有經過大量的訓練，人工神經網路才能總結出規律，來應用到新的樣本上。如果現實中出現了訓練集中從未有過的場景，則網路會處於盲猜狀態，正確率可想而知。

比如需要人工智慧辨識一把勺了，但在訓練集中，勺子總和碗一起出現，人工神經網路很可能學到的，就是碗的特徵，再經過這樣的訓練，如果新的圖片只有碗，沒有勺子，依然很可能被分類為勺子。資料對於人工智慧的重要性顯而易見，只有資料能夠覆蓋各種可能的場景，才能得到一個表現良好的模型，使人工智慧實現智慧。

但需要注意的是，在人工智慧的發展過程中，傳統的方法和現在深度學習的方法在資料運用方面也是有差異的。過去傳統的辦法是透過人類來對大數據的特徵進行提煉，形成機器可訓練這種特別的資料。但是從現在深度學習的角度來看，更多是仿照人腦神經網路的特性，自發地形成一種學習的能力，形成對物理世界概念的認識。人工智慧對於資料的需求，還將進一步提升，只有大量且精準的資料，才能使人工智慧對資料做出正確的判斷和運用。

演算法是人工智慧發展的重要引擎和推動力。演算法是一種有限、確定、有效並適合用電腦程式來解決問題的方法，是理論中最純粹的知識形式，在某種意義上可以看作是一種理性的計算工具。

在資料和算力的支持下，演算法也經歷了一個不斷發展的過程。演算法發展的過程，從大的概念上來說，也可以看成是人工智慧不斷進步的過程，即實現機器學習，進而進入到深度的學習。從具體的學習過程和演算法過程來看，人工智慧也經歷了從淺層的人工神經網路發展到複雜的機器學習網路。其中淺層的人工神經網路的整個輸入和輸出是在一個比較簡單的網路裡建立的，進入到深度學習的網路以後，這一過程則會發生在網路和神經元之間的複雜的機器學習網路中。

算力是實現人工智慧技術的一個保障，算力實際上就是計算能力。人工智慧除了訓練需要算力，其運行在硬體上也需要算力的支持。從 60 年代大型機大概每秒百次的的計算能力速度，到個人電腦時代，算力達到了每秒十億次，大概 7G 的級別。到桌面網際網路和移動網際網路時代後，手機的算力達到了每秒百億次。算力建立了人工智慧的底層邏輯，其對人和世界的影響已經嵌入到社會生活的各個方面。

人工智慧傳統三要素——資料、演算法、算力，不僅與人工智慧的發展息息相關，更與元宇宙的未來緊密聯繫著。圍繞資料的蒐集、加工、分析、挖掘過程中釋放出的資料生產力，將成為驅動元宇宙發展的強大動能；具備越來越強的自主學習與決策功能的演算法，

是元宇宙時代全新的認識和改造這個世界的方法論；算力則是建立元宇宙最重要的基礎設施，建立元宇宙的虛擬內容、區塊鏈網路、人工智慧技術都離不開算力的支撐。

數據：元宇宙發展的強大動能

人工智慧所需要的資料是驅動元宇宙發展引擎的燃料，資料的價值已經得到了社會的認可和重視。資料已和其他要素一起，融入了數位經濟時代價值創造體系，成為數位經濟時代的基礎性資源、戰略性資源和重要生產力。

資料生產力意味著知識創造者快速崛起、智慧工具廣泛普及，資料要素成為核心要素。當資料要素融入到勞動、資本、技術等每個單一要素中，帶來勞動、資本、技術等單一要素的倍增效應，更重要的是提高了勞動、資本、技術、土地這些傳統要素之間的資源配置效率。

資料要素推動傳統生產要素革命性聚變與裂變，成為驅動經濟持續增長的關鍵因素。在數位生產力時代，勞動者透過使用智慧工具，進行物質和精神產品生產，資料賦能的融合要素成為生產要素的核心，整個經濟和社會運轉被數位化的資訊所支撐。

可以看見，資料生產力創造價值的基本邏輯，是圍繞資料的蒐集、加工、分析、挖掘，並在這個過程中，將資料轉變為資訊，資訊轉變為知識，知識轉變為決策。資料要素的價值不在於資料本身，在於資料要素與其它要素融合創造的價值，這種賦能的激發效應是指

數級的，對於元宇宙來說，資料將成為強大動能，驅動元宇宙快速發展。

元宇宙是虛擬實境的融合，這離不開資料的連接，虛擬與現實相結合的技術不同於傳統技術，它以大數據為基礎，使得人工智慧結合更加密切，真實感更加強烈。元宇宙需要充分發揮網際網路、物聯網和大數據的優勢，將物聯網的感測器視為眼睛和鼻子，讓用戶體驗到交流的感覺，不僅是簡單圖像和場景的疊加，更是互動的增強。

一方面，圍繞海量資料分析處理需求而產生的分散式運算、高性能計算、雲端計算、霧計算、圖計算、智慧計算、邊緣計算、量子計算等「算力」體系將成為雲端發展的重要引擎。人工智慧、深度學習等「演算法」為雲端提供智慧化支援，以 5G、NB-IoT、TSN 為代表的現代通訊網路將資料、算力與演算法緊密地連接在一起，實現了協同作業和價值挖掘。對大數據的充分挖掘而形成的智慧支撐系統，將成為未來雲端高品質發展的強大動力。

資料要素作為驅動雲端創新發展的核心動能，不僅作用於未來雲端產業的發展，還包括產業雲端的發展，即資料要素對雲端各部門帶來的輻射帶動效應。目前大數據已經廣泛應於生產製造、零售、交通、能源、教育、醫療、政府管理、公共事務等多個領域。以製造業為例，數位化推動了大規模的柔性、客製化、分散化生產，縮短了研發生產週期，降低了生產成本，增強了決策輔助能力。映射到虛擬世界中，大數據具有相同的作用，也將帶動雲端的各個產業高速發展。

 演算法：雲端的方法論

一般來説，演算法是為解決特定問題而對一定資料進行分析、計算和求解的操作程式。演算法，最初僅用來分析簡單的、範圍較小的問題，輸入輸出、通用性、可行性、確定性和有限性等是演算法的基本特徵。演算法存在的前提就是資料資訊，而演算法的本質則是對資料資訊的獲取、佔有和處理，在此基礎上產生新的資料和資訊。簡言之，演算法是對資料資訊或獲取的所有知識進行改造和再生產。

隨著越來越多的資料產生，演算法逐漸從過去單一的數學分析工具轉變為能夠對社會產生重要影響的力量。建立在大數據和機器深度學習基礎上的演算法，具備越來越強的自主學習與決策功能，為元宇宙時代全新的認識和改造元宇宙世界提供了方法論。

首先，演算法已經深度影響著個體的決策和行為。進入 Web 3.0 時代後，網路設施成為水電氣一樣的基礎設施，網路成為人們獲取知識、日常消費乃至規劃出行的重要途徑，各類搜尋引擎、應用 App 充斥於現代人的生活。這些應用程式均建立在大數據和演算法之上，人們的每一次點擊、每一次搜尋都成為演算法進行下一步計算的依據，我們的生活也同時受到演算法的影響及支配。

隱含在各種網路服務中的演算法，決定了人們每天閱讀哪些新聞、購買什麼商品、經過哪條街道，以及光顧哪家餐廳等。社會化的「演算法」本質上已經不再是單純的計算程式，它已經與社會化的知識、利益甚至權力深深嵌合在一起，深度影響著個人的行為選擇。

其次，演算法和資料相結合逐漸成為市場競爭的決定性因素。資料作為新時代的石油，在不同演算法下以不同的方式轉化、合併、回收，在此基礎上匹配不同的商業模式，創造出巨大的商業價值。企業可以透過演算法調整、引導消費者的行為，或者投入依據演算法預測出的暢銷商品，進而獲得高額利潤。演算法還可以精準預測消費者的消費習慣和消費能力，進而匹配精準廣告投放，甚至為消費者定身量制其可接受的價格，實現差異化（歧視性）定價。

演算法日漸成為影響公共行政、福利和司法體系的重要依據。演算法程式嵌入具體行政行為執行、審批系統等，極大地提高了行政效率，人工作業逐漸被演算法自動執行所取代。演算法開始在法律事實認定和法律適用層面發揮重要作用，對影片監控、DNA 資料等資訊的分析，使演算法程式能夠快捷高效地協助認定案件事實。

演算法的強作用力也將體現在元宇宙世界中，一是助力虛擬物品智慧化，元宇宙高度融合了虛擬與現實世界。在元宇宙中，虛擬物品是重要的存在。正如 2013 的奧斯卡獲獎電影《她》所展示的一樣，一次偶然機會，主人公接觸到最新的人工智慧系統 OS1，它的化身 Samantha 擁有迷人的聲線，溫柔體貼而又幽默風趣。人機之間存在的雙向需求與欲望，讓主人公沉浸在由聲音構築的虛擬實境中，最後愛上了這個人工智慧系統。未來，虛擬物品和人的智慧行為將更多地出現在各種虛擬環境和虛擬實境應用中，但這個前提是，虛擬物品足夠智慧。

二是對話模式智慧化，演算法的日益精進將大大提升智慧互動體驗，將綜合視覺、聽覺、嗅覺等感知通道，帶來全新的互動體驗，讓虛擬實境真正「化虛為實」。對於虛擬實境內容研發來說，演算法的進步也將帶來內容生產的智慧化，人工智慧將提升虛擬實境製作工具、開發平台的智慧化及自動化水準，提升模型效率，提升虛擬實境內容生產力。

 算力：元宇宙的基礎設施

算力是建立元宇宙最重要的基礎設施。構成元宇宙的虛擬內容、區塊鏈網路、人工智慧技術都離不開算力的支持。

虛擬世界的圖形顯示離不開算力的支援。電腦繪圖是將模型資料按照相應流程，渲染到整個畫面裡面的每一個圖元，因此所需的計算量巨大。當前使用者設備裡顯示出來的 3D 的畫面通常是透過多邊形組合出來的。無論是應用場景的互動，玩家的各種遊戲，還是精細的 3D 模型，裡面的模型大部分都是透過多邊形建模（Polygon Modeling）創建出來的。

這些人物在畫面裡面的移動、動作，乃至根據光線發生的變化，則是透過電腦根據圖形學的各種計算，即時渲染出來的。這個渲染過程需要經過頂點處理、圖元處理、柵格化、片段處理以及圖元操作這 5 個步驟，每一個步驟都離不開算力的支援。

算力支撐著元宇宙虛擬內容的創作與體驗，更加真實的建模與互動需要更強的算力作為前提，遊戲創作與顯卡發展的飛輪效應，為元

宇宙構成了軟硬體基礎。從遊戲產業來看，每一次重大的飛躍，都源於計算能力和影片處理技術的更新與進步。

遊戲 3A 大作往往以高品質的畫面作為核心賣點，充分利用甚至壓榨顯卡的性能，形成「顯卡危機」的遊戲高品質畫面。遊戲消費者在追求高畫質高體驗的同時，也會追求強算力的設備，進而形成遊戲與顯卡發展的飛輪效應，這在極品飛車等大作中已有出現。

以算力為支援的人工智慧技術將輔助用戶創作，生成更加豐富真實的內容。建立元宇宙最大的挑戰之一是如何創建足夠的高品質內容，專業創作的成本高的驚人。3A 大作往往需要幾百人的團隊數年的投入，而 UGC 平台也會面臨品質難以保證的困難，內容創作的下一個重大發展將是轉向人工智慧輔助人類創作。

雖然今天只有少數人可以成為創作者，但這種人工智慧補充模型將使內容創作完全民主化。在人工智慧的幫助下，每個人都可以成為創作者，這些工具可以將高級指令轉換為生產結果，完成眾所周知的編碼、繪圖、動畫等繁重工作。除創作階段外，在元宇宙內部也會有 NPC 參與社交活動。這些 NPC 會有自己的溝通決策能力，進一步豐富數位世界。

依靠算力的 POW 則是目前區塊鏈使用最廣泛的共識機制，去中心化的價值網路需要算力保障。POW 機制是工作量證明機制，即記帳權爭奪（也是通證經濟激勵的爭奪）是透過算力付出的競爭來決定勝負準則，從經濟角度看，這也是浪費最小的情況。為了維護網路的可信與安全，需要監管和懲戒作惡節點、防止 51% 攻擊等等，這些都是在 POW 共識機制的約束下進行。

在元宇宙的世界裡，人類將不再受到物理世界的限制，人與人的互動也將不再停留在文字、音、影片的層面，即時互動、交錯時空的互動都可以實現，這必然會誕生新的生活方式。但是，在奔向「元宇宙」前，就必須打造出實現虛實結合的基礎設施——顯然，人工智慧就是那把連接虛擬世界與現實世界的「鑰匙」。

4.3 ▸ 成就元宇宙的「大腦」

自文明誕生以來，人類智慧一直在創造和維護複雜的系統。隨著人工智慧的出現和勃興，機器智慧開始參與到創造和維護複雜系統。對元宇宙而言，未來必然是一個更加複雜的系統，除了需要人類智慧的參與建立，更需要人工智慧的協助維護。

有人工智慧參與的元宇宙，才能使很多事情變得更加智慧與合理，人機回饋模式將更多地轉向預測模型而不是反應模型。人工智慧和元宇宙的結合，才能讓虛擬世界顯得更真實，在元宇宙的世界裡，人工智慧不僅將承擔現實世界與元宇宙連接的媒介，還將為元宇宙賦予智慧的「大腦」以及創新的內容。

🖱 連接虛擬和現實

元宇宙所建立的虛實結合的世界是比網際網路更全方位，更深層次延伸的世界。但是要想真正打通虛實融合，還需要全面實現物理世界的數位化——給物理空間一個虛擬投射，可以讓人們透過虛實疊加，對現實世界進行更智慧化的管理。

在我們所生活的城市中，僅有百分之二十的頭部需求得以實現數位化，還有百分之八十的長尾應用場景未被覆蓋。像是交通、醫療、園區等高頻率的行業與場景，但在城市網絡化管理中，單元網格的部件和事件巡查依然高度依賴人工。在更細分的領域，包括解決自動扶梯安全、高空拋物、解決老人跌倒等社區關懷的問題時，可採用的資料更少也更難。

這些長尾場景就需要靠人工智慧的全面落實來實現數位化，以連接現實空間與虛擬世界。實際上，人工智慧的理想未來就是擺脫人力密集的狀態，透過自動化生產、自我調整應用的方式，打通商業價值的閉環，全面建立物理空間的數位化搜尋引擎和推薦系統，完成從「實」走向「虛」。

冬奧會場館水立方是一個「虛擬化」的案例：第一步資料化則是將它的 3D 結構恢復類比出來；第二步要把場館內所有人、事、場景進行結構化，也就是機器學習模型理解場館內的運動軌跡、活動內容的意義，這些內容還可以反覆運算；第三步是流程可互動化。根據以上 3D 內容資訊疊加，模型能做出很好的預測甚至完成超現實的互動。

虛實融合不僅僅是現實世界在虛擬世界中的投射，還要真正實現虛擬與現實的融合和互動。在資料化實現之後，如何將虛擬世界的內容更好地疊加到現實生活中，成為了人工智慧新的命題。想要做到這一點，就需要讓虛擬元素準確定位，使虛擬世界中的人和物能夠認識和理解現實世界，並做出精準的回饋，實現虛擬與現實的融合與互動。

這就對人工智慧提出了更高的要求，包括高精度三維數位化地圖建立、跨平台和終端的空間感知計算、全場域釐米級的端雲協同定位等空間定位和建立能力，人工智慧將幫助虛擬世界與現實世界精準疊加，並與之互動。隨著這個虛擬世界越來越大，越來越廣泛，人們可以進行社交、娛樂、消費交易等現實世界的的活動，這就必然誕生新的生活方式，那也就是元宇宙要到達的所在。

🖱 元宇宙的管理者

在人工智慧成為虛擬世界的管理者以前，人工智慧已經在管理物理世界的城市上獲得了人們的認可。城市的智慧程度是伴隨人類科技和文明的進步發展起來的。因為 18 世紀中葉開始的工業革命，城市迎來了一個嶄新的發展時期。作為工業化原動力的各種原料產地，特別是煤炭、沿海地區，資本、工廠、人口的迅速集中，形成了人口集中、密度高、工業發達的城市。

人工智慧的加入則進一步推動了城市向智慧城市的轉變。可以說，智慧城市就是人工智慧應用場景最終落實的綜合載體。「智慧城市」的概念最早源於 IBM 提出的「智慧地球」理念，其可利用各種資訊技術或創新概念，將城市的系統和服務打通，以提升資源運用的效率，優化城巿管理和服務，改善市民生活品質。

人工智慧在智慧城市中扮演著城市大腦的地位。從概念來看，人工智慧的城市大腦以網際網路為基礎設施，結合城市所產生的資料資源，對城市進行全域的即時分析、指揮、調動、管理，最終實現對

城市的精準分析、整體研判、協同指揮，以此來促進城市的高效發展。

中國科學院研究團隊分別在 2017 年發佈的科學藍皮書和 2018 年 IEEE 國際會議上發表的論文，闡述了城市大腦的建設框架，提出城市大腦是一個聚合機器雲端智慧與人類群體智慧的類腦智慧複雜系統。同時，研究還提出了城市智商的評價標準，指出透過對城市人工神經元網路和城市雲端反射弧的成熟度考察，可以評估一個城市的城市智商。

正如人工智慧賦予城市以「大腦」一樣，當人工智慧上升至元宇宙時，也需要承擔元宇宙管理者的角色。顯然在超大規模下的即時回饋，保證元宇宙的運營和內容供給效率，需要透過多技能人工智慧輔助管理元宇宙系統。單純依靠人力難以維繫元宇宙這樣的複雜系統，同時還要保證內容供給和運營的效率。類似於遊戲中的 NPC 角色，人工智慧未來將扮演支撐元宇宙日常運轉的角色。

其中，多技能人工智慧將透過電腦視覺、音訊辨識和自然語言處理等功能結合，以更像人類的方式來蒐集和處理資訊，進而形成一種可適應新情況的人工智慧，解決更加複雜的問題。未來人工智慧將承擔起客服、NPC 等元宇宙前端服務型職責以及資訊安全審查、日常性資料維護、內容生產等後端運營型職責。隨著算力和技術提升，來保證元宇宙的運營和內容供給效率。

滿足擴張的內容需求

當前，在底層算力提升和資料資源日趨豐富的背景下，人工智慧對各種應用場景的賦能不斷改造著各個行業。對於元宇宙這樣龐大的體系來說，內容的豐富度將會遠超想像，同時內容將會是以即時生成、即時體驗、即時回饋的方式提供給使用者。對於供給效率的要求將遠超人力所及，需要更加成熟的人工智慧技術來賦能內容生產，實現所想即所得，降低使用者內容創作門檻。

元宇宙邊界在不斷擴展，滿足不斷擴張的內容需求，還需要透過人工智慧輔助內容生產 / 完全人工智慧內容生產。只有憑藉人工智慧賦能下的 AI 輔助內容生產和完全 AI 內容生產，才能夠滿足元宇宙不斷擴張的內容需求。

無論是傳統網游還是區塊鏈遊戲，遊戲外掛一直以來是破壞遊戲經濟的最主要因素。遊戲玩家透過玩的方式收穫遊戲資源，而遊戲外掛透過自動化執行、多開等方式產出遊戲資源，降低了遊戲資源的勞動價值。自動化的遊戲外掛剝削了玩家勞動，人工智慧的發展將完全取代玩家在遊戲中的機械勞動，甚至取代 PVP 等智力活動。

2021 年取得突破的 GPT-3 作為一種學習人類語言的大型電腦模型，擁有 1750 億個參數，利用深度學習的演算法，透過數千本書和網際網路的大量文本進行訓練，最終完成模仿人類編寫的文本作品。但是目前人工智慧模型，仍未達到真正理解語義和文本的水準。

因此短期內，人工智慧將更多地承擔輔助內容生產的工作，透過簡化內容生產過程，實現創作者所想即所得，降低使用者的內容創作門框。隨著人工智慧和機器學習的進一步發展，未來有望實現完全人工智慧內容生產，直接滿足元宇宙不斷擴張的優質內容需求。

人工智慧趨勢與未來

5.1 ▶ 人工智慧迎來算力時代

時代在變化，資料、演算法、算力成為人工智慧時代的關鍵字。

網際網路的普及帶來了數位設備的聯結，物聯網（IoT）的發展還將帶來千億級的設備引入海量的設備，混合成多元的應用場景，創造出以幾何級數進行累積的資料。IDC 早前發佈的《資料時代 2025》報告指出，全球每年產生的資料將從 2018 年的 33ZB 增長到 2025 年的 175ZB，換言之大數據時代已經降臨。

爆炸式增長的資料哺育了人工智慧，使得深度學習等過去難以實踐的各種演算法，得以餵養、訓練並大規模應用，這反過來對算力提出進一步的要求，隨著人工智慧演算法的突飛猛進，人工智慧將進入算力時代。

事實上人類文明的發展離不開計算力的進步，在原始人類有了思考後才產生了最初的計算，從部落社會的結繩計算到農業社會的算盤計算，再到工業時代的電腦計算。

電腦計算也經歷了從上世紀 20 年代的繼電器式電腦，到 40 年代的電子管電腦，再到 60 年代的二極體、三極管、電晶體的電腦，其中電晶體電腦的計算速度可以達到每秒幾十萬次。積體電路的出現，令計算速度實現了 80 年代幾百萬次幾千萬次，到現在的幾十億、幾百億、幾千億次。

人體生物研究顯示人的大腦裡面有六張腦皮，六張腦皮中神經聯繫形成了一個幾何級數，人腦的神經突觸是每秒跳動 200 次，而大腦

神經跳動每秒達到 14 億億次，這也讓 14 億億次成為電腦、人工智慧超過人腦的反曲點。可見人類智慧的進步和人類創造的計算工具的速度有關，從這個意義來講算力是人類智慧的核心。

過去算力被認為是一種計算能力，人工智慧時代則賦予算力新的內涵，包括大數據的技術能力，提供解決問題的指令、系統計算程式的能力。綜合來看，可以說算力是電腦程式的能力，是一種有限、確定、有效並適合用電腦程式來實現解決問題的方法，是電腦科學的基礎。

算力包括四個部分：一是系統平台用來儲存和運算大數據；二是中樞系統用來協調資料和業務系統，直接體現著治理能力：三是場景用來協同跨部門合作的運用；四是資料駕駛艙直接體現資料治理能力和運用能力。當我們把這項能力用以解決實際問題時，算力便改變了現有的生產方式，增強了使用者的決策能力和資訊篩選能力。

與此同時多元化的場景應用和不斷反覆運算的新計算技術，推動計算和算力不再局限於資料中心，開始擴展到雲、網、邊、端全場景，計算開始超脫工具屬性和物理屬性，演進為一種廣泛能力實現新蛻變。

從作用層面上看，伴隨人類對計算需求的不斷升級，計算在單一的物理工具屬性之上逐漸形成了感知能力、自然語言處理能力、思考和判斷能力，藉助大數據、人工智慧、衛星網、光纖網、物聯網、雲端平台、低軌道通訊等一系列數位化軟硬體基礎設施，以技術、產品的形態，加速滲透進社會生產生活的各個方面。

小到智慧電腦、智慧手機、平板等電子產品，大到天氣預報、邊界旅遊、醫療保障、清潔能源等民用領域拓展應用，都離不開算力的賦能支撐。計算已經實現從「舊」到「新」的徹底蛻變，成為人類能力的延伸，賦能數位經濟各行各業的數位化轉型升級。

正如美國學者尼葛洛龐帝（Nicholas Negroponte）在《數位化生存》一書的序言中所言「計算，不再只是與電腦有關，它還決定了我們的生存」。算力正日益成為人們社會生活方式的重要因素。

在算力時代，要讓人工智慧進一步產業化、變得更「聰明」，還要看算力的表現，未來人工智慧將越來越強大，成為一個基礎性的技術，相應地它對計算力的要求也將越來越高。

2020 年 4 月，中國國家發展改革委首次明確「新基建」的範圍，其中就包括資料中心、智慧計算中心為代表的算力基礎設施。報告提出人工智慧計算能力反映一個國家最前沿的創新能力，對於人工智慧算力的投入，也說明國家在戰略層面對人工智慧的重視，以及企業希望透過人工智慧的發展契機提升核心競爭力的迫切願景。

人工智慧要想變得「聰明」，算力升級勢在必行。

5.2 ▸ 社會生活走向「廣泛智慧」

2020 年在全球抗疫的背景下，人工智慧在醫療、城市治理、工業、非接觸服務等領域快速回應，從「雲端」實地應用並在疫情之中出演關鍵角色，提高了抗疫的整體效率。人工智慧與產業前所未

有的緊密結合，再一次驗證了人工智慧作為新一輪科技革命和產業變革的重要驅動力量，以及對社會的真正價值。

2020 年 7 月 10 日，在世界人工智慧大會騰訊論壇上，騰訊集團副總裁、騰訊研究院院長司曉正式發佈的《騰訊人工智慧白皮書》，從宏觀背景、技術研究、實地應用、未來經濟、制度保障五維度，勾勒出了「泛在智能」的全景全貌。

當然人工智慧的發展並不平靜，從 1956 年的達特矛斯會議至今人工智慧三起兩落，經歷了從炒作與狂熱、泡沫褪去後的艱難落實到隱私倫理的時代挑戰。儘管真正擁有自覺和自我意識的「強人工智慧」仍屬幻想，但專注於特定功能的「弱人工智慧」早已如雨後春筍般湧現。

從純粹的技術角度，以機器學習和深度學習人工智慧為主題的浪潮，被認為是當前人類所面對最為重要的技術社會變革之一，訓練機器成為網際網路誕生以來，第二次技術社會形態的全球萌芽。在過去十年用於人工智慧訓練模型的計算資源激增，在 2010 年至 2020 年之間，人工智慧的計算複雜度每年激增 10 倍，人工智慧訓練成本每年下降約 10 倍。

在計算力卜得裨於晶片處理能力提升，硬體價格下降使算力大幅提升，各項人工智慧技術不斷得到突破，並找到相對明確的應用場景。清華大學資料顯示，電腦視覺、語音技術以及自然語言處理的市場規模佔比分別為 34.9%、24.8% 和 21%，是中國市場規模最大的三個應用方向。

從應用角度來看，受益於電腦視覺、圖像辨識、自然語言處理等技術的快速發展，人工智慧已廣泛地滲透和應用於諸多垂直領域、切入不同場景和應用、提供產品和解決方案，產品形式也趨向多樣化。近年來全球市值最大的科技公司蘋果、Google、微軟、亞馬遜、臉書也無一例外投入越來越多資源搶佔人工智慧市場，甚至整體轉型為人工智慧驅動的公司。

疫情成為人工智慧的試金石，在疫情之下人工智慧公司不再是以往的旁觀者，而是關鍵角色，進而提高抗疫的整體效率。在醫療方面從人工智慧落實圖像辨識提升醫療效率，到人工智慧應用醫藥篩選、助力新藥研發。疫情期間人工智慧技術還推進了遠端問診與醫學資訊線上科普發展，使得人們可以更加高效、快捷的觸及醫療資源。

經過疫情後已不再有純粹的「傳統產業」，每個產業或多或少都開啟了數位化進程。受疫情產線延宕、成本加劇、勞動力感染等風險因素的影響，製造業和服務業正在加快人機結合的進程，向製造、服務智慧化進一步轉型。

在疫情防控中，人工智慧技術在城市治理方面廣泛落實應用，也表明中國智慧社會形態正在逐漸顯現。可以說疫情為人工智慧的發展打開了新的視窗期和豐富的實踐場域，使得一個「廣泛智慧」的世界加速成為現實。

一方面廣泛智慧「泛」於基礎設施建設，在中國人工智慧已被納入新型基礎設施建設，成為「新基建」七大方向之一，成為資訊化領

域的通用基礎技術。人工智慧技術將逐漸轉變為像網路、電力一樣的基礎服務設施，向全行業全領域提供通用的人工智慧能力，為產業轉型打下智慧基礎，在產業網際網路時代，促進產業數位化升級和變革。

另一方面廣泛智慧「泛」於更加多元的應用場景和更大規模的受眾，隨著技術、演算法、場景和人才的不斷充實，人工智慧正在滲透到各個領域，在工業、醫療、城市等領域驗證了人工智慧的價值。毋庸置疑未來會有更多產業將與智慧技術進行創新融合，催生出更多新業態、新模式。

5.3 ▶ 網際網路與人工智慧的融合演進

在大多數情況下，業界都將第三次人工智慧浪潮的到來歸功於豐富的大數據資源、人工智慧演算法的創新以及算力的巨大提升，往往忽略了網際網路以及網際網路企業在這一次人工智慧爆發中所起到的重要的貢獻。

全球領先的網際網路公司，包括 Google、Amazon、Facebook、阿里巴巴等等同時都是人工智慧領域的領先公司，這並不是偶然。事實上網際網路企業不僅是人工智慧的助推劑，更是人工智慧發展的重要保障。

首先網際網路公司是數位經濟的創新者、實踐者，透過網際網路，網際網路公司在生產經營活動中創造並累積了大量資料，這些資料來自於使用者的真實需求、回饋以及行為。在安全合規的基礎上，

網路公司不僅充分利用了資料的價值，更讓整個商業社會都開始重視資料的價值，啟動了各個產業的資料意識，推動數位經濟的滲透與發展，進而在一定程度上完成了第三次人工智慧的大數據資源的累積。

網路公司是人工智慧技術的迫切需求者，人工智慧應用是網路公司解決自身需求的必然手段，更是數位經濟商業模式發展的必然結果，如果一個企業的業務形態是靠資料和演算法線上對外提供服務，那麼它一定需要應用人工智慧技術成為未來業務發展的引擎。隨著這些人工智慧技術的成熟，網路公司也將這些技術向傳統行業提供，進而實現人工智慧技術行業的成長。

伴隨網路公司人工智慧成長的是全社會、各行業對人工智慧技術逐漸提高的接受度，進而極大化的開拓市場。以天貓精靈為例，這一智慧音箱為家庭用戶（同時也進入了商用領域）提供了智慧化的娛樂、知識、資訊獲取以及互動體驗，截止 2019 年 1 月 11 日，天貓精靈累計銷量突破 1000 萬台，這意味著有 1000 萬個個人或家庭體驗到了人工智慧的能力。此外蘋果公司的 Siri、微軟語音助手 Cortana、亞馬遜的 Echo 智慧音箱和 Alexa 語音助手、支付寶的刷臉支付等等也為人工智慧應用市場的擴大起到了積極作用。

第三次人工智慧浪潮是「從網際網路到人工智慧」的演進過程，此次人工智慧的崛起，很大程度是演算法技術的創新與網路平台交叉的一個產物，網際網路、大數據、人工智慧的結合，在大規模公共雲的承載下，透過物聯網向物理世界延伸，是此輪人工智慧與產業結合的目標。

網路創造了一個從資料累積、技術溢出、演算法創新，到網際網路、移動式基地台連接人工智慧創新者和消費者的網路，公有雲承載人工智慧技術開拓和賦能，再到資料與智慧雙向回饋的完整閉環，進而讓第三次人工智慧浪潮真正落實。

5.4 ▸ 打造經濟發展新引擎

當前人工智慧技術已步入全方位商業化階段，並對傳統行業各參與方產生不同程度的影響，改變了各行業的生態，這種變革主要體現在三個層次。

第一層是企業變革，人工智慧技術參與企業管理流程與生產流程，企業數位化趨勢日益明顯，部分企業已實現了較為成熟的智慧化應用。這類企業已能夠透過各類技術手段對多維度使用者資訊進行蒐集與利用，並向消費者提供具有針對性的產品與服務，同時透過對資料進行優化洞察發展趨勢，滿足消費者潛在需求。

第二層是行業變革，人工智慧技術帶來的變革造成傳統產業鏈上下游關係的根本性改變，人工智慧的參與導致上游產品提供者類型增加，同時使用者也會可能因為產品屬性的變化而發生改變，由個人消費者轉變為企業消費者，或者二者兼而有之。

第三層是人力變革，人工智慧等新技術的應用將提升資訊利用效率，減少企業員工數量。此外機器人的廣泛應用將取代從事流程化工作的勞動力，導致技術與管理人員佔比上升，企業人力結構發生變化。

以智慧家居、智慧連網汽車、智慧型機器人等為代表的人工智慧新興產業加速發展，經濟規模不斷擴大，正成為帶動經濟增長的重要引擎。普華永道提出，人工智慧將顯著提升全球經濟，到 2030 年人工智慧將促使全球生產總值增長 14%，為世界經濟貢獻 15.7 萬億美元產值。

一方面人工智慧驅動產業智慧化變革，在數位化、網路化基礎上，重塑生產組織方式，優化產業結構，促進傳統領域智慧化變革，引領產業向價值鏈高端邁進，全面提升經濟發展品質和效益。另一方面人工智慧的普及將推動多行業的創新，大幅提升現有勞動生產率，開闢嶄新的經濟增長空間。據埃森哲預測，2035 年人工智慧將推動中國勞動生產率提高 27%，經濟總增加值提升 7.1 萬億美元。

人工智慧落實產業創造了巨大價值，可分為自動化、智慧化、創新化三個層次，每個層次創造的價值度逐步提升。自動化是依靠人工智慧技術提升業務的自動化程度，自動化並不改變原有業務流程，而是由機器替代人來自動執行業務流程，進而提升效率並降低成本。

比如工業機器人取代工人進行分揀、組裝等重複性勞動；醫學影像領域，人工智慧系統輔助閱片，提升醫生診斷效率；廣告行銷領域的程式化廣告投放等，多數場景下自動化涉及的是業務鏈條中的單個環節。

智慧化是基於知識圖譜等認知智慧技術，讓機器具備分析和決策能力，可以完成人力無法實現的工作，對業務流程進行改造，創造增量價值。

在安防領域，行業知識圖譜技術在幾億個實體中尋找隱性關係，發現夥同犯罪的行為，人力無法處理如此大資料量的分析。在零售領域商家的歷史銷售資料，透過機器學習建立銷量預測模型，實現銷量預測，打破依靠經驗預測的不精確度並降低庫存和損耗。智慧化主要涉及分析、推理和決策性的工作，應用場景中包含資料採擷，以及 NLP、深度學習、增強學習等認知智慧技術和演算法，深入到完整的業務流程當中。

創新化是人工智慧與行業深度融合後重塑的業務流程和產業鏈，形成新的商業模式甚至新的細分行業，例如電腦視覺的智慧貨櫃，相比傳統機械式無人售貨機成本下降 50% 以上，且能容納更多商品種類。無人駕駛是未來最具備創新潛力的人工智慧落實方向，一旦無人駕駛技術成熟，傳統汽車行業從主機廠到用車場景的產業鏈關係將被顛覆。

5.5 ▶▶ 人工智慧正在理解人類

很長時間以來，是否具備情感是區分人與機器的重要標準之一。機器是否具有情感也是機器人性化程度高低的關鍵因素之一。

當前人工智慧已呈現高速增長和全面擴張的態勢。一方面人工智慧不斷朝更深層的智慧方向發展，包括數學運算、邏輯推理、專家系統、深度學習等；另一方面人工智慧不斷向社會的各個領域進行擴展，從智慧手機到智慧家居，從智慧交通到智慧城市等。

「智慧感知」逐漸向具有理解和表達能力的「認知智慧」轉變，為機器賦予感情成為必然趨勢。人工智慧之父馬文‧閔斯基就曾提到，「如果機器不能夠很好地模擬情感，那麼人們可能永遠也不會覺得機器具有智慧。」

試圖讓人工智慧理解人類情感並不是近期的研究。

早在 1997 年，麻省理工學院媒體實驗室 Picard 教授就提出了情感計算的概念，Picard 教授指出情感計算與情感相關，源於情感或能夠對情感施加影響的計算，簡單來說情感計算旨在透過賦予電腦辨識、理解和表達人類情感的能力，使得電腦具有更高的智慧。

自此情感計算這一新興科學領域，開始進入眾多資訊科學和心理學研究者的視野，進而在世界拉開了人工智慧走向人工情感的序幕。

情感計算作為一門綜合性技術，是人工智慧情感化的關鍵一步，包括情感的「辨識」、「表達」和「決策」。「辨識」是讓機器準確辨識人類的情感，並消除不確定性和歧義性；「表達」則是人工智慧把情感以合適的資訊載體表示出來，如語言、聲音、姿態和表情等；「決策」則主要研究如何利用情感機制來進行更好地決策。

辨識和表達是情感計算中關鍵的兩個技術環節，情感辨識透過對情感訊號的特徵提取，得到能最大限度地模擬人類情感的情感特徵資料，據此進行建置，找出情感的外在表像資料與內在情感狀態的相互關係，進而將人類當前的內在情感類型辨識出來，包括語音情感辨識、人臉表情辨識和生理信號情感辨識等。

人臉表情辨識顯然是情感辨識中關鍵的一部分，在人類交流過程中有 55% 是透過臉部表情來完成情感傳遞的，20 世紀 70 年代美國心理學家 Ekman 和 Friesen 對現代人臉表情辨識做了開創性的工作。

Ekman 定義了人類的 6 種基本表情：高興、生氣、吃驚、恐懼、厭惡和悲傷，確定了辨識物品的類別；建立了臉部動作程式系統（facial action coding system，FACS），使研究者能夠按照系統劃分的一系列人臉行為指令，來描述人臉面部動作，根據人臉運動與表情的關係來檢測人臉面部細微表情。

情感辨識是目前最有可能的應用，舉凡商業公司利用情感辨識演算法觀察消費者在觀看廣告時的表情，這可以說明商家預測產品銷量的上升、下降或者是保持原狀，進而為下一步產品的開發做好準備。

機器除了辨識、理解人的情感之外，還需要進行情感的回饋，即機器的情感合成與表達，與人類的情感表達方式類似，機器的情感表達可以透過語音、臉部表情和手勢等多擬態資訊進行傳遞，因此機器的情感合成可分為情感語音合成、臉部表情合成和肢體語言合成。

其中語音是表達情感的主要方式之一，人類總是能夠透過他人的語音輕易地判斷他人的情感狀態，語音的情感主包括語音中所包含的語言內容、聲音本身所具有的特徵。顯然機器帶有情感的語音將使消費者在使用的時候感覺更人性化、更溫暖。

從情感計算的決策來看，大量的研究證明人類在解決某些問題的時候，純理性的決策過程往往並非最優解，在決策的過程中情感的加入，反而有可能幫助人們找到更優解。因此在人工智慧決策過程中，輸入情感變數，或將說明機器做出更人性化的決策。

微軟的研究人員曾在這個問題上給出過答案，他們提出了一種血管脈搏測量（Peripheral Pulse Measurements）的內在獎勵強化學習新方法，這種內在獎勵是與人類神經系統的回應是相關的，研究人員假設這種獎勵函數可以說明強化學習解決稀疏性（sparse）和傾斜性（skewed），以此提高採樣效率。

情感智慧是讓機器更加智慧的關鍵，具有情感的機器不僅更泛用、更強大、更有效，同時將更趨近於人類的價值觀，在人類科學家長期的努力下，介於人腦與電腦之間的「情感」鴻溝正在被跨越。

2014 年 5 月 29 日，由微軟亞太研發集團開發的一代小冰開始了微信公測，在 3 天內贏得了超過 150 萬個微信群、逾千萬用戶的喜歡。微軟小冰可以說就是一個初步練成情感計算的人工智慧。

微軟小冰的開發團隊負責人李笛曾表示，小冰作為一個人工智慧平台，已經在技術、產品、資料三者之間形成了一個正迴圈。換言之小冰累積的大數據已經足夠多到能夠讓小冰實現自我進化。

如今小冰已經累積了百億輪與人類的對話資訊，從中提取了海量歷史資料，這些海量資料已經足夠多到讓小冰對未來對話的判斷準確程度超過 50%。某種程度上小冰已經形成了初步的記憶、認知與意識能力。

如今，隨著大量統計技術模型的湧現和資料資源的累積，情感計算在應用領域的落實日臻成熟，可預見的是情感計算在未來將改變傳統的人機互動模式，實現人與機器的情感互動。從感應智慧到認識智慧的模式轉變，從資料科學到知識科學的模式轉變，人工智慧也將在未來給我們交出一個更好的回答。

人工智慧的風險與挑戰

6.1 ▸▸ 演算法黑箱與資料正義

在萬物互通的背景下，以雲端計算為用、以個人資料為體、以機器學習為主的智慧應用已經「潤物細無聲」，從今日頭條的個人化推送到螞蟻金服的芝麻信用評分，從京東的「奶爸當家指數」到某旅遊網站用大數據「養套殺」，個人資訊自動化分析深嵌入到我們日常生活之中。

與此同時越來越多的資料產生，演算法逐漸從過去單一的數學分析工具轉變為能夠對社會產生重要影響的力量，建立在大數據和機器深度學習基礎上的演算法，具備越來越強的自主學習與決策功能。

演算法透過既有知識產生出新知識，制訂好的功能被急速地擴大，對市場、社會、政府以及每個人都產生了極大的影響力。演算法一方面給我們帶來了便利，如智慧投顧或智慧醫療，但並非絕非完美無缺，由於演算法依賴於大數據，而大數據並非中立，這使得演算法不僅可能出錯甚至還可能存在「惡意」。

👆 資料並不正義

一般來說演算法是為解決特定問題而對一定資料進行分析、計算和求解的操作程式。演算法最初僅用來分析簡單、範圍較小的問題，輸入輸出、通用性、可行性、確定性和有窮性等是演算法的基本特徵。

演算法存在的前提就是資料資訊，演算法的本質則是對資料資訊的獲取、佔有和處理，在此基礎上產生新的資料和資訊，簡言之演算法是對資料資訊或獲取的所有知識進行改造和再生產。

演算法的「技術邏輯」結構化了的事實和規則「推理」出確定可重複的新事實和規則，以至於在很長一段時間裡人們都認為，這種跳脫於大數據技術的演算法技術本身並無所謂好壞的問題，其在倫理判斷層面上是中性的。

隨著人工智慧的第三次興起，產業化和社會化應用創新不斷加快，資料量級增長，人們逐漸意識到演算法所依賴的大數據並非中立，它們從真實社會中提取，必然帶有社會固有的不平等、排斥性和歧視的痕跡。

正是深度學習引領第三次人工智慧的浪潮，目前大部分表現優異的應用都用到了深度學習，AlphaGo 就是一個典型的例證，與傳統機器學習不同，深度學習並不遵循資料登錄、特徵提取、特徵選擇、邏輯推理、預測的過程，而是由電腦直接從事物原始表徵出發，自動學習和生成高級的認知結果。

在人工智慧深度學習輸入的資料和其輸出的答案之間，存在著人們無法洞悉的「隱層」，它被稱為「黑箱」，這裡的「黑箱」並不只意味著不能觀察，還意味著即使電腦試圖向我們解釋，人們也無法理解。

事實上早在 1962 年，美國的埃魯爾在其《技術社會》一書中就指出，人們傳統上認為的技術由人所發明就必然能夠為人所控制的觀

點是膚淺的、不切實際的。技術的發展通常會脫離人類的控制，即使是技術人員和科學家，也不能夠控制其所發明的技術。

進入人工智慧時代，演算法的飛速發展和自我進化已初步驗證了埃魯爾的預言，深度學習更是凸顯了「演算法黑箱」現象帶來的某種技術屏障，以致於無論是程式錯誤還是演算法歧視，在人工智慧的深度學習中都變得難以辨識。

價格歧視和演算法偏見

演算法對資料的掌控及後續分析，衍生出了豐富的資訊要素深刻影響經濟與社會進程，在演算法之下個人資訊的掌握和分析，成為日常簡單的事情，人自然而然地成了運算的客體，由此衍生的演算法歧視包括了價格歧視和演算法偏見。

資料圖像與演算法的運用，加劇了交易中的價格歧視。

在經濟學概念裡，價格歧視指企業就兩個或兩個以上具有相同生產邊際成本的相同商品收取不同的價格。換言之這種價格差異缺乏成本依據。

價格歧視的成功實施需要滿足一定的前提條件：一是經營者具備一定的市場規模；二是經營者有能力預測或辨識消費者購買意願和支付能力；三是不存在轉賣套利的可能，否則享受低價的消費者就有動機去轉賣套利，價格歧視效果也會隨之抵消。

從價格歧視細分來看：一級價格歧視指賣方將買方支付意願的上限確定為商品的賣價，在這種情況下賣方在向每個買方收費時均可獲得最大化利潤，其中經營者對消費者資訊把握得越全面，其實施價格歧視的能力、可獲得的利潤就越高。

二級價格歧視是説就相同的商品或服務提供不同的版本，對於二級價格歧視來説賣方往往不瞭解買方特徵，透過一系列包括價格和各種條款在內的銷售協議供買方自行選擇。

三級價格歧視則是賣方基於對買方的分類，根據不同買方群體的需求彈性來確定不同的價格，三級價格歧視在現實中更為普遍，電影院或景點針對學生、老年人或未成年人收取不同的價格都可以歸為三級價格歧視。

人工智慧時代到來之前，經濟學多關注在二級與三級價格歧視，由於賣方很難精確把握每位消費者的保留價格，因此一級價格歧視不易發生，然而在資料規模擴大與演算法分析優化緊密結合的當下，一級價格歧視已具備現實可能性，從停留於紙面的傳統分析模型，轉變為付諸實踐的流行商業策略。

在大數據時代下，如果經營者收集的資訊足夠全面，掌握的演算法足夠先進，足以甄別出每位消費者的購買意願和支付能力，就可針對消費者單獨制定不同的價格。在大數據技術的支援下，商家為了獲得更多用戶，便可以透過大數據演算法得知哪些使用者可以接受更高的價格，哪些用戶應該適當地予以降價，「大數據殺熟」由此誕生。

常見「殺熟」套路主要有三種：根據不同設備進行差別定價，比如針對蘋果用戶與安卓用戶制定的價格不同；根據使用者消費時所處的不同場所，比如對距離商場遠的用戶制定的價格更高；根據使用者的消費頻率的差異，消費頻率越高的使用者對價格承受能力也越強。

早在 2000 年就已有「大數據殺熟」事件發生，一名亞馬遜用戶在刪除瀏覽器 Cookie 後，發現此前瀏覽過一款 DVD 售價從 26.24 美元變成了 22.74 美元，當時亞馬遜 CEO 貝佐斯也作出了回應，說明該事件是向不同的顧客展示差別定價的實驗，處於測試階段，同時他還表示與客戶資料無關，並最終停止了這一實驗。

而二十年後的今天，隨著網路普及使用者資訊不斷沉澱，大數據殺熟則成為了普遍存在的不良現象，根據北京市消費者協會 2019 年 3 月發佈的「大數據殺熟」問題調查結果，88.32% 被調查者認為「大數據殺熟」現象普遍或很普遍，且 56.92% 被調查者表示有過被「大數據殺熟」的經歷。

哈佛商學院一項調研發現，Airbnb.com 出租房屋網站的非黑人房東平均每晚為 144 美元，黑人房東的房租為每晚 107 美元，美國零售商 Staples 利用演算法實行「一地一價」，甚至高收入地區比低收入地區折扣還大。價格面前人人平等的規則被顛覆，追逐利潤的「合法歧視」登堂入室，日常生活消費中的「人群捕撈」恐慌揮之不去，商家與消費者之間因此產生了嚴重的信任危機。

越來越多的案例證明，演算法歧視與演算法偏見客觀存在，這將使得社會結構僵化趨勢愈加明顯。早在 20 世紀 80 年代，倫敦聖喬治

醫學院用電腦瀏覽個人履歷來初步篩選申請人，然而在運行四年後卻發現這一程式會忽略申請人的學術成績而直接拒絕女性申請人，以及沒有歐洲名字的申請人，這是演算法中出現性別、種族偏見的最早案例。

今天類似的案例仍不斷出現，如亞馬遜的當日送達服務不包括黑人地區，美國州政府用來評估被告人再犯罪風險的 COMPAS 演算法也被披露黑人被誤標的比例是白人的兩倍。演算法自動化決策還讓不少人一直與心儀的工作失之交臂，難以觸及這些機會，由於演算法自動化決策不會公開、不接受質詢、不提供解釋、不予以救濟，其決策原因相對人無從知曉，更遑論「改正」。

面對不透明的、未經調整、極富爭議甚至錯誤的自動化決策演算法，我們將無法回避「演算法歧視」與「演算法暴政」導致的偏見與不公。隨著演算法決策深入滲透我們的生活，我們的身份資料被收集、行跡被追蹤，我們的工作表現、發展潛力、償債能力、需求偏好、健康狀況等特徵無一不被資料篩選進而被演算法使用者掌控。

如今不管是貸款額度確定、招募篩選、政策制定乃至司法輔助量刑等，諸多領域和場景中都不乏演算法自動化決策，社會原有的結構將被進一步僵化，個體或資源在結構框架之外的流動愈發被限制。演算法對每一個物品相關行動代價與報償進行精準評估的結果，將使某些物品因此失去獲得新資源的機會，這似乎可以減少決策者自身的風險，但卻可能意味著對被評估對象的不公。

如何面對大數據殺熟？

雖然「大數據殺熟」愈加普遍，部分消費者也能夠清楚知道是否成為了被殺熟的對象，但卻少有消費者會選擇主張自身權利。調查顯示僅有 26.72% 的被調查者選擇向消費者保護協會或市場監管部門投訴；約 19.84% 的被調查者選擇與商家理論或尋求媒體曝光，其餘的 53.44% 則是選擇不作為。

事實上不作為的背後原因是難作為，其牽涉資料所有權、資料的責任主體界定、資料競爭正當性邊界等，關於資料行為限制的模糊性使得「大數據殺熟」仍處在法律的灰色地帶，想要扭轉「大數據殺熟」困境，則需要從法律秩序和商業倫理以及消費者自我保護意識等多方面進行規範。

從法律秩序來看，需要充分理解現有法律制度的調整空間，提升立法的針對性和有效性並為「大數據殺熟」行為進行明確的法律定義和規制。事實上「大數據殺熟」這一類價格的欺詐行為，往往涉及面廣、隱蔽性強、種類繁多的特點，不利於實際認定遊走在侵權邊緣的不法經營者，因此首先應當精準的界定其內涵和延伸，包括制定罰款機制、增加違法成本，並規定網路平台應當公布其平台服務協定及支付規則。

在《消費者權益保護法》中，將「大數據殺熟」的舉證責任，由商家舉證其並未實施價格歧視；簡化法律維權程序並加強維權宣傳教育，藉助大眾媒體、社區宣講等方式告知民眾如何維護權益的途徑。

此外還需建立大數據監督平台，監管「大數據殺熟」現象，即利用大數據的資料分析功能，判斷企業是否存在「殺熟」嫌疑，再把分析結果回覆給用戶。其次成立集審查、監督和治理於一體的國家大數據資訊發展部門，以加強對大數據發展的管控，提高管控效率、加強針對性和統籌性，縮短問題處理週期，為公民提供舉報管道。

從宣導行業自律，規範「使用者個資」的商業倫理來看與法治相對應，加強網際網路商業倫理建設是從「德治」的路徑解決「大數據殺熟」的問題，尤其是在當前中國相關法律難以進行直接對「大數據殺熟」予以有效規範的情況下，商業倫理規範顯得格外重要。

如何制訂網際網路商業倫理規範，做到「有理可依」，形成「行業公約」，把對消費者隱私的保護作為網際網路商業倫理公約的核心內容，有秩序推進行業自律是商業倫理時下面臨的問題。

事實上當前市場各細分領域均有自身的行業自律條款，面對大數據社會，需要把已有的行業自律內容擴展至網際網路業務層面，像是在交通領域，計程車行業有著較為成熟的行業自律條款，這些內容同樣適用於「網路叫車」等交通方式，重要的是原有的規範需加入保護消費者隱私的相關細則。

宣導自律還應發揮行業協會的作用，建立完善的市場競爭進入和退出機制，除了相關法律規範，行業協會作為相關企業自發成立和維護行業利益的組織，應發揮更大的作用。

除了法律制度和商業倫理，消費者則需要提升自我保護意識和自我保護能力，網路世界從來都不是一個「不設防」的社會，相反網路

中充斥了大量的陷阱，屢見不鮮的 P2P「雷暴」事件接連出現，透過網路製造的騙局讓人觸目驚心。

對於「大數據殺熟」，人們也需要深刻意識到對大數據技術的過分依賴有可能帶來喪失主體能動性，陷入故步自封被大數據奴役的不自由狀態。

包括有意識地培養自身的反思意識與批判能力，審慎地看待大數據技術在人類社會發展中的作用與價值。除此以外還要注重線上與線下、真實世界與虛擬世界間的融合與平衡。

「數位人」的資料規制

當我們進入大數據時代，在數位化生存下，不管是「社會人」還是「經濟人」，都擁有「數位人」身分，現實世界的我們被資料所記載、所表達、所模擬、所處理、所預測，現實世界的歧視也是如此。

正因為如此，對算法規範首先要對資料規範，而對資料的規範不僅需要國家層面的治理，更包含對個人和群體行為的引導。當然不管是國家管理還是對個體抑或群體行為引導，技術與法律往往都不可缺席。

2018 年 5 月 25 日生效的歐盟《統一資料保護條例》（GDRR）就在 1995 年《資料保護指令》（Directive 95/46/EC）的基礎上，進一步強化了對自然人資料的保護。《統一資料保護條例》不僅僅提

供了一系列具體的法律規則，更重要的是它在「資料效率」之外，傳遞出「資料正義」（data justice）的理念，這也使其可成為中國借鑑的他山之石。

首先尊重個人的選擇權，當自動化決策將對個人產生法律上的影響，除非當事人明確同意，或者對於當事人間合約的達成和履行來說必不可少，否則，個人均有權不受相關決定的限制。

其次將個人敏感性資料排除在人工智慧的自動化決定之外，包括政治傾向、宗教信仰、健康、性生活、性取向的資料，或者可唯一性辨識自然人的基因資料、生物資料等。這些資料一旦遭到洩露、修改或不當利用，就會對個人造成不良影響，法律首先要做的就是更加小心規範和負責蒐集、使用、共用可能導致歧視的任何敏感性資料。

要辨識和挑戰資料應用中的歧視和偏見，「資料透明」就不可或缺，換言之它要求在資料生產和處理日趨複雜的形勢下，增強個人「知的權利」，進而修復資訊的對稱性。在銀行蒐集個人資料時，應當告知其可能使用人工智慧對貸款人資質進行審核，審核的最壞結果（如不批貸）也應一併披露。由於我們都不是技術專家，這裡的「有用資訊」不但應淺顯易懂，讓每個人都能理解，要有助於每個人主張自己在法律保護下的權利。

除了對資料的規範、對演算法的規範，需要強制實施演算法技術標準及可追溯性，目前的演算法本質上還是一種程式的設計技術，對技術最直接的規範方式是制定標準，標準也是國家相關部門進行管理的最直接依據。

對於人工智慧演算法要全面提高標準認識和理念，提高新產業制度成本的可預見性，並減少新技術的混亂發展。如在國際層面，技術規範體系通常表現為「技術法規＋技術標準＋技術認證」。

技術法規有強制力，規定不同行業的技術要求描述；技術標準是針對具體技術指標的要求，其主要功能是支撐技術法規，其效力在中國實際對應的是團體標準，但該標準在中國沒有法律地位，政府、企業和社會中的很多人還沒有標準意識，更缺乏標準投入。

另一方面，要統籌現有法律制度規定的責任形式，考察中國《電子商務法》《網路安全法》《電腦資訊系統安全保護條例》等有關法律法規，規範演算法的方式主要有兩種：一則直接針對演算法程式設計者和演算法服務提供者進行規範，如《網路安全法》明確規定網路服務要符合中國國家強制標準、不得設置惡意程式，如果發生問題要及時補救漏洞和保障安全。

二則設定相關行政管理部門的監管職責進而間接遏制演算法侵權現象的發生，例如《電子商務法》主要規範了電子商務經營者的行為並設定了其相關責任，包括資訊披露和保護、搜尋與廣告、服務和交易等方面的演算法規則規範；《網路安全法》則主要全方位地規定行政機關的監測、維護和管理職責，包括監測預警和應急處置、網路運行與資訊安全維護等。

當然任何社會規則的更迭與技術的發展總是相伴而行的，面對日新月異的新技術挑戰，特別是人工智慧的發展，我們能做的就是把演算法納入法律之治的涵攝之中，進而打造一個更加和諧的大數據時代。

6.2 ▶ 人工智慧安全對抗賽

歷史表明,網路安全威脅隨著新的技術進步而增加。

關聯式資料庫帶來了 SQL 攻擊,Web 外掛程式設計語言助長了跨網站外掛攻擊,物聯網設備開闢了創建僵屍網路的新方法,網路打開了潘朵拉盒子的數位安全弊病,社交媒體創造了透過微目標內容發送來操縱人們的新方法,並且更容易收到網路釣魚攻擊的資訊,比特幣使得加密 Ransomware 勒索軟體攻擊成為可能。

近年來網路安全事件不斷曝光,新型攻擊手段層出不窮,安全性漏洞和惡意軟體數量更是不斷增長。2019 年 VulnDB 和 CVE 收錄的安全性漏洞均超過了 15000 條,平均每月高達 1200 條以上,2019 年 CNCERT 全年捕獲電腦惡意程式樣本數量超過 6200 萬個,日均傳播次數達 824 萬餘次,涉及電腦惡意程式家族 66 萬餘個。

根據研究集團 IDC 的資料,到 2025 年網路設備的數量預計將增長到 420 億台;社會正式進入「超資料」時代,資料演算法大行其道,人工智慧方興未艾的今天,我們也迎來了新一輪安全威脅。

人工智慧攻擊如何實現?

先想像一個超現實場景:

未來的恐怖襲擊是一場不需要炸彈、鈾或者生化武器的襲擊,想要完成一場恐怖襲擊,恐怖分子們只需要一些膠布和一雙健步鞋,透

過把一小塊膠布粘貼到十字路口的交通號誌上，恐怖分子就可以讓自動駕駛汽車將紅燈辨識為綠燈，進而造成交通事故，在城市車流量最大的十字路口，這足以導致交通系統癱瘓，而這卷膠布可能只需 1.5 美元。

以上就是「人工智慧攻擊」，那麼它又是如何實現的？

要瞭解人工智慧的獨特攻擊，需要先理解人工智慧領域的深度學習，深度學習是機器學習的一個子集，軟體透過檢查和大量資料比對來創立自己的邏輯，機器學習已存在很長時間，但深度學習在過去幾年才開始流行。

人工神經網路是深度學習演算法的基礎結構，大致模仿人類大腦的物理結構，與傳統的軟體發展方法相反，傳統軟體發展需要程式師編寫定義應用程式列為的規則，人工神經網路則透過閱讀大量範例建立自己的行為規則。

當你為人工神經網路提供訓練範力時，它會透過人工神經元層運行它，然後調整它們的內部參數，以便能夠對具有相似屬性的未來資料進行分類，這對於手動程式碼軟體來說是非常困難的，但人工神經網路卻非常有用。

舉個簡單的例子，如果你使用貓和狗的樣本圖像訓練人工神經網路，它將能夠告訴你新圖像是否包含貓或狗，使用經典機器學習或更古老的人工智慧技術執行此類任務非常困難，一般很緩慢且容易出錯，近年興起的電腦視覺、語音辨識、語音轉文本和面部辨識都是由於深度學習獲得巨大進步。

但人工神經網路過分依賴資料，進而引導了人工神經網路的犯錯，一些錯誤對人類來說似乎是完全不合邏輯甚至是愚蠢的，人工智慧也由此變成了人工智障。例如 2018 年英國大都會警察局用來檢測和標記虐待兒童圖片的人工智慧軟體就錯誤地將沙丘圖片標記為裸體。

當這些錯誤伴隨著人工神經網路而存在，人工智慧演算法帶來的引以為傲的「深度學習方式」，就成了敵人得以攻擊和操控它們的途徑。在我們看來僅僅是被輕微污損的紅燈號號，對於人工智慧系統而言則可能已經變成了綠燈，這也被稱為人工智慧的對抗性攻擊，其引導了神經網路產生非理性錯誤的輸入，強調了深度學習和人類思維的功能的根本差異。

儘管恐怖襲擊看起來遠在天邊，但這一類的安全威脅卻近在眼前，上一陣子引起惶恐的豐巢智慧快遞的「刷臉取快遞」就被小學生破解，一群小學生只用一張列印照片就能代替真人刷臉，騙過「人工智慧」快遞櫃，取出父母的包裹。比利時魯汶大學的兩位少年僅僅透過在肚子上貼一張圖片就輕鬆躲過了目標檢測界翹楚 YOLOv2 的火眼金睛，成為了一個「隱形人」。

隨著人工智慧技術的發展，我們生活中將有史多的方面需要用到這種生物辨識技術，其一旦被輕而易舉地攻擊便遺害無窮，除了圖像領域，在語音系統上全球知名媒體 TNW（The Next Web）在早些時候也進行過報導，駭客能夠透過特定的方式欺騙語音轉文本系統，像是在使用者最喜愛的歌曲中偷偷加入一些語音指令，即可讓智慧語音助手轉移使用者的帳戶餘額。

對抗式攻擊還可以欺騙 GPS 誤導船隻、誤導自動駕駛車輛、修改人工智慧驅動的導彈目標等，對抗攻擊對人工智慧系統在關鍵領域的應用已經構成了真正的威脅。

 基於深度學習的網路威脅

全球的數位化時代才剛開始，駭客的攻擊卻早已深入人心，尤其是近年來的駭客襲擊事件給網路民眾留下深刻陰影，2007 年熊貓燒香病毒肆虐中國網路；2008 年 Conficker 蠕蟲病毒感染數千萬台電腦；2010 年百度遭史上最嚴重的駭客襲擊；2014 年 Sony 遭襲導致董事長下臺；2015 年美國政府遭襲，員工資料外洩。

當人工智慧技術的研究風聲迭起時，也就是網路世界戰爭的白熱化階段，對於駭客利用人工智慧技術進行攻擊的可能性預測，或許會說明我們在網路世界的攻守已達到良好效果。

網路威脅大部分惡意軟體都是透過人工方式生成的，即駭客會編寫外掛來生成電腦病毒和特洛伊木馬，並利用 Rootkit、密碼抓取和其他工具協助分發和執行。

那麼，機器學習如何說明創建惡意軟體？

機器學習是個用作檢測惡意執行檔的有效工具，利用惡意軟體樣本中檢查到的資料（如標題欄位、指令序列甚至原始位元組）進行學習可以建立區分良性和惡意軟體的模型，然而分析安全情報能夠發現，機器學習和深度人工神經網路存在被躲避攻擊（也稱為對抗樣本）所迷惑的可能。

2017 年第一個公開使用機器學習建立惡意軟體的例子在論文
Generating Adversarial Malware Examples for Black-Box Attacks
Based on GAN 中被提出，惡意軟體作者通常無法得知到惡意軟
體檢測系統，所使用的機器學習模型的詳細結構和參數，因此他
們只能執行黑盒攻擊，其論文揭發了如何透過建立生成對抗網路
（generative adversarial network GAN）演算法來建立對抗惡意軟
體外掛，這些外掛能夠繞過機器學習的黑盒檢測系統。

如果網路安全企業的人工智慧可以學習辨識潛在的惡意軟體，那麼
駭客就能夠透過觀察學習防惡意軟體做出決策，使用該知識來開發
「最不容易被檢測到」的惡意軟體。

2017 DEFCON 會議上，安全公司 Endgame 透露了如何使用 Elon
Musk 的 OpenAI 框架建立客製化惡意軟體，且所創建的惡意軟體無
法被安全引擎檢測發現。Endgame 的研究是透過有惡意的二進位檔
案，透過改變部分代碼，改變後的代碼可以躲避防病毒引擎檢測。

數據投毒

不論是人工智慧的對抗性攻擊還是駭客透過深度學習的惡意軟體，
都屬於人工智慧的輸入型攻擊（Input Attacks），即針對輸入人工智
慧系統的資訊進行操縱，進而改變該系統的輸出。從本質上看所有
的人工智慧系統都只是一台機器，包含輸入、計算、輸出三環節，
攻擊者透過操縱輸入，就可以影響系統的輸出。

資料投毒便屬於典型的污染型攻擊（Poisoning Attacks），即在人工智慧系統的建立過程中偷偷做手腳，進而使該系統按照攻擊者預設的模式發生故障，這是因為人工智慧透過深度學習「學會」如何處理一項任務的唯一根據就是資料，因此污染這些資料，在訓練資料裡加入偽裝資料、惡意樣本等破壞資料的完整性，導致訓練的演算法模型決策出現偏差，就可以污染人工智慧系統。

資料中毒的一個範例就包括訓練面部辨識認證系統，以驗證未授權人員的身份，在 2018 年 Apple 推出新的人工神經網路的 Face ID 身份驗證技術之後，許多用戶開始測試其功能範圍，正如蘋果已經警告的那樣，在某些情況下該技術未能辨識同卵雙胞胎之間的區別。

但其中一個有趣的失敗是兩兄弟的情況，他們不是雙胞胎，看起來不一樣，年齡相差多年，最初這對兄弟最初發佈了一段影片，展示了如何用 Face ID 解鎖 iPhone X，但後來他們發佈了一個更新，其中他們表明他們實際上是透過用他們的臉部訓練其人工神經網路來欺騙 Face ID，當然這是一個無害的例子，但很容易看出同一模式如何變成惡意目的工具。

中國資訊通訊研究院安全研究所發佈的《人工智慧資料安全白皮書（2019 年）》也提到了這一點，白皮書指出人工智慧自身面臨的資料安全風險包括：訓練資料污染導致人工智慧決策錯誤；運行階段的資料異常導致智慧系統運行錯誤（如對抗樣本攻擊）；模型竊取攻擊對演算法模型的資料進行逆向還原等。

值得警惕的是，隨著人工智慧與實體經濟深度融合，醫療、交通、金融等行業對於資料庫建立的迫切需求，使得在訓練樣本環節發動網路攻擊成為最直接有效的方法，潛在危害巨大，比如在軍事領域，透過資訊偽裝的方式可誘導自主性武器啟動或攻擊，帶來毀滅性風險。

👆 人工智慧時代的攻與防

未來的機器時代是道高一尺魔高一丈的世界，今天的網路安全問題早已突破了虛擬與現實、國家與地域的邊界，成為廣泛的全球性問題，網路安全是一個龐大的系統工程，建立這個系統則需要以全球的深度連接為基礎。

網路安全要以人與人工智慧一同來共同守護，隨著各類網路技術的爆發式成長，網路攻擊的手段也不斷豐富和升級，唯一不變的就是變化本身，防禦網路攻擊，必須具備快速辨識、快速反應、快速學習的能力。

如果是病毒威脅入侵，用機器學習檢測的方法勢必很難解決，只有在綜合的技術運用下，理解資訊洩露及其中的關聯，駭客如何入侵系統、攻擊的路徑是什麼、又是哪個環節出現了問題，找出這些關聯，或者從因果關係圖角度進行分析，增加分析端的可解釋性，才有可能做到安全系統的突破。

對抗網路安全的風險還需要擁有智慧的動態防禦能力，網路安全的本質是攻防之間的對抗，在傳統的攻防模式中，主動權往往掌握在網路攻擊一方的手中，安全防禦力量只能被動接招，但在未來的安全生態之下，各成員之間透過資料與技術互通、資訊共用，實現彼此激勵，自動升級安全防禦能力，甚至一定程度的預判威脅所在。

網路安全本來就是一個高度對抗、動態發展的領域，這也給防毒軟體領域開闢了一個藍海市場，人工智慧殺毒行業面臨著重大的發展機遇，防毒軟體行業首先應該具有防範人工智慧病毒的意識，然後在軟體技術和演算法安全方面重視資訊安全和功能安全問題。

以現實需求為引導，以高新技術來推動，才有可能將人工智慧病毒這個嚴峻挑戰轉變為防毒軟體行業發展的重大契機。

6.3 ▶ 性，愛和機器人

隨著人工智慧時代的全面到來，兩性機器人也悄然生長著，不論技術還是需求。

技術上人工智慧技術日益精進，讓越來越真實的兩性機器人進入市場，成為性產業的重要部分，甚至擁有了不少忠實粉絲。時下最成熟的兩性機器人不僅能夠透過人工智慧進行學習，和人類產生情感，還可以擁有不同的性格，有足夠的情感模式供人類選擇。

需求上，在中國已經有 2.4 億的單身人士，即便在已婚一族之中，也有 2.9 億的性障礙者與 8000 萬的性亢奮者，性需求是人們無法回避

的存在。BI（Business Insider）消息顯示，新冠疫情以來全球首款 AI 兩性機器人 Harmony 銷量激增，即便其售價高達 12000 美元。

2019 年未來學家伊恩·皮爾森博士曾發表了一份關於未來性愛的預言報告，皮爾森博士認為：在 2050 年左右人與機器人的性愛將變得非常流行，機器人甚至可能會取代人類性伴侶。

皮爾森博士的預言似乎正在成為現實，隨著兩性機器人成本不斷下降、功能不斷提升，使得兩性機器人的不再遙遠，未來的兩性機器人將會越來越多元，也會越來越性感，但這並不是終點。

兩性機器人未來已來？

2018 年全球首個 AI 機器人 Harmony 正式發售，售價為 7775 英鎊，約合人民幣 68000 元。

可以說 Harmony 是兩性機器人極高水準的表現，單從外形上來說，就可以看出設計師的良苦用心。Harmony 擁有超過 30 款不同的面孔，從黑人到亞洲臉應有盡有，為了追求完美設計師們會親手為這些臉孔進行打磨，甚至一個雀斑都要親手一點點噴上去。

除了高度模擬人體的柔軟度與外形，Harmony 還能夠透過 AI 進行學習，會和人類產生情感，並且擁有 12 種不同的性格，比如善良、性感、天真等，任何一款 Harmony 都擁有屬於自己的專屬 APP，透過 APP，Harmony 可以連接到網路，並運用語言資料庫與人進行交流。

由於當時人工智慧技術還不夠成熟，高額的售價也另消費者感到猶豫，但很快隨著技術的進步，Harmony 2.0 第一代機器人的升級版就出世了。

相比於第一代，Harmony 2.0 更像一個真實的伴侶，Harmony 2.0 的臉部表情更加豐富多彩、肢體更加靈活、身體皮膚也更加逼真，由於擁有內部加熱器，Harmony 2.0 還能夠模擬真實的體溫。

Harmony 2.0 融合了亞馬遜的 Alexa 語音系統，接收到聲音資訊後能夠及時分析快速作出精準回饋，各種話題都可以做簡單回應。同時 Harmony 2.0 還配有智慧化軟體系統，可以對以往的聊天內容進行儲存、記憶，進而確定伴侶的習慣和喜好，也就是說在長時間的陪伴累積後，Harmony 2.0 會對伴侶的瞭解會越來越深。

事實上 Harmony 2.0 問世後銷量一直平穩，然而疫情催生了對兩性機器人的需求。資料顯示疫情大規模爆發期間，Harmony 的市場銷售額至少增加了 50%，而另一家玩偶公司 Silicone Lovers 同樣表明，自新冠疫情爆發以來，兩性機器人的訂單一直在湧入。

究其原因：疫情之下，人與人之間的接觸交流減少，陪伴的需求則增加，之前持觀望態度的人終究會因為孤獨感的倍增，最終做出選擇。儘管目前兩性機器人還因為其較高的售價讓大部分的人們望而卻步，但難以否認兩性機器人的未來日子不遠了。

事實上機器人本身並沒有性欲，況且 2020 年還並不存在兩性機器人的完全形態。對於未來來說幾乎可以肯定的是，更先進的科技將帶來更多元的探索，包括更個性、更精準、更好的性體驗。

好比説 VR 設備可以打造虛擬形象的兩性機器人，生化訊號系統未來可能直接向人體釋放形成性刺激的資訊，人機介面也許會創造 APP 的腦神經，直接將性快感的訊號送達大腦實現 hand-free 的高潮。

 性感和情感，陪伴和婚姻

除了性感人類還有情感，這也是兩性機器人出世以來一直爭論不休且依然等待解決的問題。

人類是群居動物，但卻並不是每一個靈魂都能在他人那裡得到陪伴和慰藉，孤獨感誕生了，但兩性機器人能解決人類的孤獨嗎？

對於現代社會來説，科技介入在帶來了便利的同時也帶走了溫度，人們越來越孤獨，人類的情感需求正在形成一個龐大的市場。

微軟小冰框架下的「虛擬男友」僅公測上線 7 天，就招攬了 118 萬的人類女友。她們與其分享甜言蜜語、生活習慣，而它只需要辨識關鍵字、機械地回答、表示關心體貼，就可以收穫人類的歡心。

手遊《戀與製作人》男主角之一李澤言更是在一個月就擁有了 700 萬的「老婆」，並收穫了她們 3 億的人民幣，本質上作為人工智慧的李澤言只需要遵循外掛，像真人一樣或冷漠或體貼地配合演出就行。

從這個角度來看，兩性機器人確實能夠滿足用戶的需求，對於非自願單身者、非自願原因而無法找到伴侶的人，比如晚年喪偶的老

人、殘障人士和性功能有缺陷的人，兩性機器人可以協助他們解決性問題，並給他們提供情感上的支援。

但進一步來看矽基的兩性機器人，要產生並利用碳基生物的情感絕非易事，人工智慧可以根據人類的行為輸入訓練其資料，仿造人類：「捏造」主觀經驗，用人工智慧的辦法建立人類的「孤獨和愛」，但人工智慧卻沒有幾億年的進化史留在人類身上的刻痕，沒有生物的直覺和本能，兩性機器人或許能複製人們的情感卻不能創造情感。

事實上任何的機器人學習都需要一個既定的目標，即便是 AlphaGo 科學家們也會透過給它一個目標和大量的資料，令其能透過深度學習捏造經驗，但情感需求卻難以定義其目標，正因為無法預測的隨意性，但又不是簡單的隨機、非理性的原創性，非頑固的邏輯才讓人類與眾不同。

人是不完美的，人的性也是不完美的，但機器和演算法卻可以是完美的，所有完美都是相似、雷同、甚至乏味的，因為完美是有標準的，但不完美才是人之所以為人的原因。

對於兩性機器人來說，當人們得到了控制的快感同時，可能也失去了失控的快感，人們得到了絕對的安全感，永遠不會被拋棄被拒絕被冷落，但同時我們也拒絕了那種很獨屬情感的不安。兩性機器人之所以不能代替人類，就是因為它沒有不愛人的權利，而自由意志才是人類真實的證據。

當仿生的兩性機器人開始走進人類的社會時，帶來改變的是婚姻關係的巨大變革，婚姻不必然取消卻必然成為一種多元化的存在。

當兩性機器人足夠代替伴侶時，男性女性一直穩固的「共生關係」將變成一種持平的「競爭關係」，或許再不復「家庭」的觀念，因為每一個由夫妻雙方組成的家庭，屆時都將變成社會上一個又一個獨立的「個體」。人作為社會關係總和的這一個概念也許將不復存在，因為那個時代背景下的「家庭」，是每一個具有相同社會競爭力的個體與其人造伴侶，頗有「小國而寡治」的感覺。

與此同時人們對於性需求的渴望也會大大降低，因為不管男性女性，其人造伴侶都能夠「絕對服從」，並且能夠被高度的「私人客製」，性作為獨屬人類的行為卻具有多樣性，這個世界上甚至不在少數的人會對異常的性行為感到滿足，兩性機器人會不會終究因為機械的局限性，損傷了人類對性的探索與好奇還未可知。

有需求的地方就會有市場，兩性機器人的到來毋庸置疑，兩性機器人將不可避免地成為未來性產業的一部分，科技的潛入也會給性行業帶來變革，並影響人類的性文化。

儘管在情感之外，兩性機器人還將面對更多關乎社會倫理的質問，包括法律對材質的安全性、資料的安全性的規制，甚至面對其對女性的性物化、性暴力、道德風險以及心理上可能造成扭曲的質疑。

但在面對那些事實的同時，我們也依舊面對人類自身情感的拷問，只有人類能夠重複理解情感的本質和內涵，人類終究是獨特的，人類所需要才被科技所創造。

6.4 ▸ 人工智慧走進「倫理真空」

目前以智慧化、網路化、數位化為核心特徵的第四次工業革命正在來臨，人工智慧技術作為數位資源與智慧技術的集大成者，成為第四次工業革命中的聚焦點。在大數據與成熟機器演算法的基礎之上，以人工智慧技術為代表的新一代資訊技術，在市場應用的反覆運算中逐漸成熟並滲透到了政治、經濟、社會等各個領域，在其加持下出現了智慧製造、物聯網、機器學習等一大批先導產業。

人工智慧技術最大的特點在於，它不僅僅是網際網路領域的一次變革，也不屬於某一特定行業的顛覆性技術，而是作為一項通用技術支撐整個產業結構和經濟生態變遷的重要工具之一，它的能量可以投射在幾乎所有行業領域中，促進其產業形式轉換，為全球經濟增長和發展提供新的動能。

自古及今，從來沒有哪項技術能夠像人工智慧一樣引發人類無限的暢想，利好人類的同時，人工智慧也成為一個突出的國際性科學爭議熱題，人工智慧技術的顛覆性讓我們也不得不考慮其背後潛藏的巨大危險，早在 2016 年 11 月世界經濟論壇編纂的《全球風險報告》列出的 12 項極需妥善治理的新興科技中，人工智慧與機器人技術就名列榜首。

時下人工智慧技術在全球生產鏈中的賦能已經開始逐漸擴散到社會生活和世界政治領域中，人工智慧的發展為全球化進程和國際社會帶來了新的問題和挑戰，對人工智慧技術進行有效的治理已成為現實境況的迫切要求。

 為智能立命

人工智慧技術不是一項單一技術，其涵蓋面極其廣泛，「智慧」二字所代表的意義又幾乎可以代替所有的人類活動，即使是停留在人工層面的智慧技術，人工智慧可以做的事情也大大超過人們的想像。

人工智慧已經覆蓋了我們生活的方方面面，從垃圾郵件篩檢程式到叫車軟體，日常打開的新聞是人工智慧做出的演算法推薦，網上購物首頁上顯示的是人工智慧推薦的用戶最有可能感興趣、最有可能購買的商品，包括操作越來越簡化的自動駕駛交通工具、再到日常生活中的面部辨識上下班打卡制度等等，有的人們深有所感，有的則悄無聲息浸潤在社會運轉的瑣碎日常中，在輔助社會發展更加超前與方便的同時也埋下了一些隱憂。

總體而言，人工智慧的治理過程中的治理客體可以分為兩個部分，一是對技術本身的治理；一是對衍生問題的規範治理。

對於人工智慧技術本身來說，技術的發展使得機器智慧的邊界在不斷的擴大，智慧型機器人領域研究已經持續了四五十年，不只是原始的工業機器人，服務機器人也有 30 多年的研究歷史。這些研究大大增強了機器的運行能力，使機器可以替代人類自行活動，甚至某些能力已經超越了人類，目前這些技術已經大量投入使用。

近五六年來，機器學習的演算法快速發展，儘管距離機器完全理解「發生了什麼」還有很長一段路要走，但隨著更好、更便宜的硬體

和感測器出現，以及設備之間實現無線低延遲連結，還有源源不斷的資料登錄，機器的感知、理解和聯網能力將會有更廣闊的發展空間。

相比基本元件運算速度緩慢、結構代碼存在大量不可修改、後天自塑能力有限的人工智慧來說，雖然尚處於蹣跚學步的發展初期，但未來的發展潛力卻遠遠大於人類。幾乎可以確定的是，機器智慧未來必將超越人類智慧，儘管無法確定其會在何時發生，也沒有像奇點理論那樣給出一個確切的時間點，但毫無疑問這個趨勢一定是存在的。

人工智慧技術治理，需要人類先跳出科技本身，從人文的角度先為機器立心，其中就包括相關領域的科學家，在對人工智慧技術的開發和應用時的價值取向、道德觀念培養。

對於一項新生技術，其本身是沒有攻擊性的，造成危害的往往是對這種技術的使用，人工智慧也是如此。在過去的數百年裡，人類學會了使用機械學、學會了用電、學會了製造各種機械，學會了製造飛機、汽車；在過去的數十年裡，人類學會了電腦、網路、雲端計算、人工智慧和 5G 通訊技術。

這些都是可以利用的工具，包括運用雲端的智慧拓展資訊和知識搜尋的廣度、加深推理的深度、幫助我們做非常複雜的運算。如何更好地掌握和利用這些技術，利用人工智慧技術本身來幫助人類最大程度地發揮智慧潛力，便是治理人工智慧技術本身的關鍵所在。

人工智慧面臨衍生問題

除了對人工智慧技術的危機治理，我們無法回避的是對人工智慧衍生問題的規範治理。

就業問題是人工智慧治理領域中最接近民生保障也最需要解決的問題，由於資本的逐利性，在科學技術是第一生產力的時代，人工智慧所表現出巨大生產力必然吸引資本蜂擁而至，數位經濟的發展將進一步促進企業自動化和數位化轉型。

自動化將縮小社會的橫向分工，人工智慧將實現生產的半自動化、全自動化，消除了生產對人類個體差異性的依賴。隨著人工智慧研發的深入，更加完善的功能使得人工智慧在社會分工體系中越來越佔據主導地位，減弱了橫向分工之間的差距，普通勞動者之間技術的差異性逐漸喪失。

當人工智慧對勞動者的代替性越來越強時，普通勞動者的生存狀態並不會得到很大的改善，相反隨著勞動力對技術依賴性的增加以及由此造成的勞動力本身在分工體系中競爭力的下降，其生存狀態會進一步的惡化。

除了縮小社會的橫向分工，人工智慧技術的壟斷將會阻隔了社會的縱向分工，在資訊時代大數據以及電腦應用的自動化生產，成為了拉動經濟增長的主要驅動力。資本追逐利潤的本質使得大量資金都流入了那些掌握前端科技的企業和人才手裡，這樣造成一些常規性工作被代替，以及造成整個社會失業率的增加。

另一方面，一些本來就處於社會分工等級上層、掌握前端科技的企業，資本的大量流入使得這些企業的地位更加穩固，甚至透過新的技術壟斷其他企業以及勞動者突破社會分工的機會，將不平等的社會分工等級秩序的牢籠紮得更緊，倘若社會分工頂層和底層間不可逾越的斷裂帶的出現，將使得社會兩極分化更加嚴重。

人工智慧所依賴的大量資料，在人工智慧的不斷研究開發與應用中，也帶來了資料管理的難題。當海量資訊資料唾手可得，個體位置資訊、關注內容、行程安排等極易被獲取分析，個體敏感資訊、私密內容就可能「無死角」暴露在大眾眼中。大數據資訊動態監控，使個體使用者操作「痕跡」被收集挖掘，在人工智慧助力下不僅能瞭解你是「誰」，更能預測你將成為「誰」。

儘管大數據等智慧化手段在展開群體分類時能提供諸多便捷，但也使得許多傳統意義上，並非隱私的資訊變成了個體敏感資訊，增加了人們隱私受到侵害的可能性。對於這些資料演算法的過度依賴或應用範圍的盲目擴大，既在社會現實層面上成為不法分子隨意竊取、濫用資訊資源的機會，又在道德層面上容易引發倫理道德風險。

人工智慧技術的發展對國際關係提出了挑戰，從世界歷史的發展過程中我們可以得出經驗，每一輪新的世界大戰和工業革命都會迅速地重建社會秩序和國際格局，以人工智慧技術為代表的第四次技術革命是科技的集大成者，所造成的影響更是顛覆性的。

在經濟方面，2018 年 9 月麥肯錫全球研究所針對人工智慧對世界經濟的影響做的專題報告顯示，到 2030 年人工智慧可能為全球額外貢獻 13 萬億美元的 GDP 增長，平均每年推動 GDP 增長約 1.2

億，這意味著人工智慧對國家經濟的推動是巨大的。在這一輪新的工業革命浪潮中，誰掌握了人工智慧技術的主要力量，誰就有可能以壟斷性的地位，佔據未來數年內全球經濟的命脈。

在軍事方面，有別於其他類型的科技，人工智慧技術和核武器一樣屬於軍民兩用型科技。世界各國已經認識到人工智慧是未來國家之間競爭的關鍵賽場，紛紛開始在軍事領域加大人工智慧戰略部署，尤其是在自主武器方面的研發力度，佔領新一輪科技革命的歷史高點。當人工智慧技術賦予國家更多政治和軍事力量時，也加劇了國際社會的安全困境，這也給人工智慧的治理帶來了全球性的挑戰。

事實上我們已經走進了一個現代性「倫理真空」的特殊地帶，這個真空正是傳統倫理學的缺失，與現代自然科學的發展導致的。人工智慧發展所影響全世界人類的行為方式、思維的變化是加速、不可逆轉的，傳統倫理學的發展卻是緩慢、滯銷的，這就使現代社會出現了巨大的倫理真空地帶。

在大力發展人工智慧的同時，必須高度重視可能出現的社會風險和倫理挑戰，加強人工智慧倫理學研究，揭發人工智慧發展面臨的倫理難題，以及有效治理人工智慧、發揮人工智慧的真正價值。

6.5 ▶▶ 當我們談論人臉辨識時

1964 年伍迪・布萊索（Woody Bledsoe）提出了世界上首個人臉辨識演算法，該演算法以鏈碼為特徵進行人臉辨識，一腳踢開了真正意義上的自動人臉辨識技術研究的大門。

20 世紀 70 年代，在人工智慧的電腦技術、影像處理技術等諸多學科的快速發展下，2D 人臉辨識演算法誕生。2D 人臉辨識演算法孕育了 2D 人臉辨識技術系統繼承了 2D 人臉辨識技術，自然辨識過程的 3D 人臉辨識技術，則同時具備了高效率與高辨識正確率。

人臉辨識技術已經融入到人們生活的各個方面，在財務行為、工作場所監督、安全防控等領域得到普遍應用。從 2015 年到 2019 年，人臉辨識、影片監控的專利申請數量從 1000 件飆升到 3000 件，其中四分之三在中國，MarketstandMarkets 諮詢公司研究預計，到 2024 年全球臉部辨識市場規模達 70 億美元。

在人臉辨識的迅猛發展的另一端，是民意對人臉辨識頻繁的抗爭。2019 年 Ada Lovelace 研究所 (Ada Lovelace Institute) 的一份調查發現，55% 的受訪者希望政府限制警方使用該技術，受訪者對其商業用途也感到不安，只有 17% 的受訪者希望看到人臉辨識技術用於超市的年齡驗證，7% 的人贊成將其用於追蹤顧客，4% 的人認為將其用於篩選求職者是適當的。

產業、技術和民意的背離也把人臉辨識推向議論的風口，當我們談論人臉辨識時，我們又在談論什麼？

🖱 人臉辨識下的隱私代價

不論是人工智慧還是 5G 下網際網路的高速發展，都以大數據為基礎，現代生活許諾人們更多便捷的同時，也留存了人們更多的行為資料，這些資料在網路記憶中不斷累積，成為了監測人們行為的工

具，凡「私」皆「隱」成為過去，人們在大數據時代下都被迫成為「透明人」。

人臉辨識技術的興起，臉部資訊的讓渡又給「透明人」增添了籌碼，在人臉辨識場景下，用戶讓渡的隱私可能不僅僅是個人的臉部幾何特徵，臉部資訊中包含的年齡、性別、情緒特徵等元素也可能被辨識與記錄。

市場調研機構 Kantar Millward Brown 曾使用由美國初創公司 Affectiva 開發的技術，評估消費者對電視廣告的反應，Affectiva 會在經允許的情況下錄下人們的臉，然後用代碼逐幀記錄他們的表情，進而評估他們的情緒。

其創新部門管理總監格拉姆・佩吉（Graham Page）表示，透過人臉辨識監察表情能得到更豐富的細微資訊，甚至能準確地看到廣告的哪一部分是奏效的，以及勾起了什麼樣的情緒反應。

事實上相關技術在人工智慧與深度學習背景下已變得越來越可靠，透過對人臉資訊的辨識，可以挖掘出其他的個人隱私資訊。如果在網路上將臉部資訊與興趣、性格、消費習慣甚至行蹤軌跡等資訊進行串聯，那麼個體的資訊圖像將會有更加直接清晰的輪廓，在網路記憶中形成一個不斷自我成長的資料，成為巨大的安全隱患。

線上帶有個人「頭像」的資料在網路空間中無線延伸；線下無處不在的攝影機與人臉辨識相結合，使個體活動處於高度監視的環境中，真正使人類陷入「隱私裸奔」的困境，進一步增加了個人隱私保護的難度。

另一方面當人臉辨識技術廣泛應用於我們生活的各個方面時，人臉資訊後續的儲存和使用問題卻仍是個謎。

距離「人臉辨識第一案」已經過去一年之久，郭兵是野生動物世界的年卡會員，2019 年 10 月，他收到訊息通知：「園區年卡系統已升級為人臉辨識入園，原指紋辨識已取消，即日起未註冊人臉辨識的用戶將無法正常入園。」

郭兵認為，臉部資訊係個人敏感資訊，野生動物世界單方面違法修改服務條款，其要求退還年卡費用在協商無果後，郭兵一紙訴狀將野生動物世界訴至法院，但這絕非先例，從北京地鐵刷臉安檢到監測記錄學生課堂動態，在過去一年人臉辨識頻頻引發爭議。

在人臉資訊的不當應用中有兩個突出問題。首先儲存人們臉部資訊組織本質上是人在運作，即大量身份指向性極強的人臉資訊是由一部分人掌控的，這部分人將如何使用我們的個人資料，會不會因為一己私欲而違規操作都無從得知。

人臉辨識要透過特定的代碼進行翻譯、篩選物品，這種代碼的操作自然有被駭客入侵的可能性，隨著人臉偽造技術的發展和反實名制產業鏈日趨成熟，破譯人臉資訊，用「假人臉」頂替「真人臉」已成為可能。

有了人臉照片和系統辨識的人臉特徵，就可以捕捉相關的人臉特徵資訊進行針對性的訓練，複製人臉圖像包括來回轉動或者眨眼等，透過使用他人的臉部資訊開啟對應的服務。

此前位於美國聖地牙哥的一家人工智慧公司就用一個特別製作的
3D 面具，成功欺騙了包括微信和支付寶在內的諸多人臉辨識購物
支付系統，儘管支付寶和微信都作了緊急回應，表明公司內不存在
任何因為類似技術被盜的案例，但顯然隨著 3D 列印技術的日趨成
熟，人臉辨識系統被「假人臉」攻破的風險會急劇增加。

🖱 從「匿名」走向「顯名」

人臉並不是每個人秘而不宣的隱私，事實上我們的容貌在社會關係
和人格發展中扮演著舉足輕重的角色，正因如此蒙面才往往和不可
信任、危險人物等負面印象密切相關，德國、義大利、法國、紐
約、香港特區相繼出臺在公共場所或公眾集會中禁止蒙面的法律，
也彰顯出公共空間中人臉的公共性。

但公共性並不意味著匿名性的消失，區別於雞犬之聲相聞、由熟人
構成的傳統社會，無數原子化個體構成的現代社會，個體更表現出
了一種匿名性：儘管個體對其面貌、行蹤、言論毫無隱藏，但個體
本身依然擁有他人對其視而不見、聽而不聞的自由。在地鐵中、飯
店裡、街道上、電梯間等公共空間，人與人之間的「禮貌性不關
注」也早已成為社會基本規範。

隨著資訊技術的發展，包括人工智慧、人臉辨識在內的新興技術把
我們推進了一個「數位人權」的新時代，「數位人權」又相容著積
極和消極的雙重面向，這也衝擊著公共空間下的人們陌生感和匿
名性。

數位人權的積極面向意味著國家對數位人權的推進和實現應有所作為，在人們幾乎無法回避和逃逸出網路化生存的背景下，網路如同交通、電力、自來水等一樣成為一項公眾必不可少的基礎設施。

數位人權要求國家要有所作為，國家有義務和責任建設好網路基礎設施，做好所需的硬體和軟體工程建設工作，以及提供基於這些軟硬體而延伸和發展起來的各項「網際網路 +」公共服務。

數位人權的消極面向則意味著人們在大數據時代「獨處的權利」，在任何個體接入網路並拓展自己的生活空間的時候，人們仍有不被審視和窺探的權利、自己的身份在無關國家和社會安全的情況下不被辨識的權利、自己的生活方式不被干預的權利以及自己的人格利益不被侵犯的權利，並在此基礎上，在不侵犯國家、社會和他人利益的前提下，提升做自己想做事情的能力。

這種「獨處的權利」使個體享有不被干涉的「消極自由」，進而展現和發展出自己的獨特人格，保證社會的包容和多元，讓外表與眾不同（如少數民族、外國人、殘障人）或行為離經叛道者免受歧視。

德國社會學家亞明・納塞西（Armin Nassehi）表示，社會由此才可以承受因社會轉型帶來的不平等和不公正，「因為它依賴隱形性，而不是可見性；依賴陌生感，而不是親密性；依賴距離，而不是親近」，就此而言「社會團結建立在陌生感之上」。

日益增多的攝影機和經由演算法、大數據驅動的人臉辨識使得人們從「匿名」走向「顯名」，陌生感消失了但熟人社會的親密感和安全感卻並未回歸。

人臉辨識技術的應用可能形成對特定群體的歧視，比如一些具有特殊臉部特徵的群體或者透過臉部資訊，辨識出其他特殊資訊的群體就可能成為重點關注的對象。無論基於何種演算法的人臉辨識都依賴於大數據，而大數據並非中立，它們從真實社會中抽取，必然帶有社會固有的不平等、排斥性和歧視的痕跡。

已有研究表明，在人臉辨識中存在種族偏見，在機場、火車站等人臉辨識應用情景中，部分群體的臉部資訊可能因系統的演算法偏見無法被正常辨識，不得不接受工作人員的審問和例行檢查。除了在對個體臉部掃描時存在偏見與誤判外，在臉部辨識後所享有的服務中也可能存在歧視。

在刷臉時代，曾作為人際交往和建立信任的通行證的人臉被攝影機等設備自動抓取後生成數位影像以辨識、認證或核實特定個體，成為辨識與被辨識的工具。

人臉背後的人格因素及其所承載的信任與尊嚴等價值被稀釋，被技術俘獲並遮蔽，電腦技術和新型的測量手段，成功地將一個具有獨立人格的人，變成一系列的數字和代碼。此時辨識的是人臉、得到的是資料、貶損的是信任，而這正是人臉辨識將震動世界的現實危機。

在考慮人臉辨識技術時，我們不僅應該辯論什麼是合法的，還應該辯論什麼是道德的。當下人臉辨識已經給社會治理帶來嚴峻的挑戰，包括其在應用時涉及到重要的個人資訊，和直接影響到數位人權的實現，都告訴我們應真正找到人臉辨識的正當性邊界並且審慎適用。

既要以積極的態度面對科技的進步，使其有利於國家治理體系和治理能力的現代化，慎重地面對其可能給現代社會帶來的新風險，又不能讓技術自身不受任何限制地發展，讓應用該技術的產業「野蠻生長」，或許我們只有在不同場景下細緻辨析其風險所在，才能更好地控制它、馴化它，使之始終不離科技為人的正道。

6.6 ▶ 與機器人「比鄰而居」

不論接受與否，人工智慧都已經與我們的生活深度融合，一方面人工智慧給人們生活生產帶來效率和提供便捷，推動社會經濟持續發展；另一方面人工智慧本質上作為一種技術，給產業帶來顛覆和革命的同時，對人們既有的倫理認知等帶來了挑戰。

「機器伴侶」作為未來智慧型機器人發展最廣闊的領域，已經越來越多地介入人們的生活，扮演助手、朋友、伴侶甚至家人的角色，當人們不可避免要進入人機共處的時代，不可避免地要與機器人「比鄰而居」時，一個不可避免的全新的問題隨之誕生——我們如何與機器人相處？

當機器人越來越被賦予人的溫度時，除了反思人機互動帶來的人與人的關係改變、人與社會的關係改變外，面對人與機器這一新生的關係，我們又該作何回應？

人與機器人，如何相處？

人工智慧顧名思義，是機器是對人類智慧的功能模擬，人工智慧已經滲透進了人們社會生活的方方面面，這些智慧化的技術成果為人們的生活提供了便利，是人工智慧時代下人類與世界連接的方式，但這些技術又與過去的任何一種農業時代技術或工業時代技術不同。

工業社會時代，人對於技術的敬畏是天然的和明顯的，技術被看作是一種具有階層和權力屬性的工具，掌握技術的人通常被賦予更高的權力，保持在一個更高的社會階層和地位上。人工智慧時代下，智慧技術覆蓋融合著人們的生活，對於技術的理解和馴化，平衡人和技術的關係成為當下研究的基本範式。

對於各種陪伴機器人，不論是無形的智慧軟體或智慧音箱，還是將來可能出現的外形上可以假亂真的人形機器人，都是在功能上可以與人互動的智慧體或者行動者。在這樣的背景下「機器人」成為人們可能聯想到的某種與人「形象」有關的物品或實體，以及與人可產生互動的物品，不僅僅是某種純粹的工具或機器。

事實上任何一種實體，只要具有了人的形象，或者與人產生互動，它就獲得了某種特殊的意義，如歷史人物的雕像、藝術家創造的人物雕像等，在面對這些實體時，人們的內心往往會允斥某種或崇敬或親切的情感。

高度發達的智慧型機器人將會有著「人的形象」，更逐漸具備或展現了許多人的屬性：符合人類禮儀的言談舉止、較快的推理與思維能力、對人類的法律與道德原則的遵守等。

隨即而來的一個問題是：我們如何與機器人相處？人與陪伴機器人的關係應該像「我 - 你」關係那樣，建立在相互平等與尊重的基礎上？還是說，當人們心情不好的時候，可以對陪伴機器人大打出手？

在 2017 年末奧地利的一個科技博覽會上，塞爾吉‧桑托斯博士開發的兩性機器人薩曼莎就被人反覆猥褻，並受到暴力對待，導致薩曼莎的兩根手指被折斷。但迄今為止這類問題要遇到的一個麻煩是，機器人沒有意識，甚至並不真正知曉它自己是機器人，即便它被人們賦予人的形象和人的屬性，但機器人的行為終究還是計算的結果。

在機器人沒有自我意識之前，無論人們如何對待它，其所呈現的喜感或悲傷都是人設計給人看的，機器人自身並沒有可以真實感受喜怒哀樂的內心。因此人們可不可以任憑喜怒哀樂地對待機器人，目前並不直接涉及互動意義上的人與機器人之間的倫理關係，主要取決於人們在道德上是否接受這種行為。

儘管這些道德限制需要依據的事實基礎目前尚不明晰，但至少可以認定的是，以強人工智慧技術、基因工程技術等為基礎的機器人能夠享有作為道德承受體的道德地位。事實上早在 2017 年，沙烏地阿拉伯就正式授予機器人索菲亞「阿拉伯公民」身份，對於未來的兩性機器人，更有可能進入人們的生活，扮演人們生活中的重要關係角色。

從避免技術濫用的角度來看，也應該展開必要的使用規範性研究，我們不僅要尊重自己身上的人性，而且要尊重機器人身上的人性，以尊重的態度對待機器人。

為機器人立心

除了展開人們在具體場景中對於機器人的行為可能出現的問題細節，探尋可行的倫理規範外，當前的陪伴機器人依然處於初級階段，如何在人與機器人互動以前對機器人進行設計，則是另一個不可回避的問題。機器人不是傳統意義上的簡單商品，當機器人展現人的形象並擁有人的屬性時，為機器立心是設計機器人的重要前提。

人在與機器的交往過程中往往會受到機器行為方式的影響，這種影響通常是無形但又確實存在，這提示設計者在與人相似的機器人設計上，應使其能夠按照人類的規則來與人類交往。

性愛機器人是未來陪伴機器人的一個重要細分領域，顯然在設計性愛機器人時，就不能僅僅把它們當成「情趣用品」來設計，而是需要把人際性愛交往的某些基本規則（如知情同意原則、相互接受原則）納入性愛機器人的程式中。

再比如設計機器人士兵或機器人員警時，就需要避免把其當作軍事機器人來設計，機器人士兵與機器人員警的道德判斷與行動都直接涉及人的生命，因而它們的設計與生產不僅需要透明、公開，還需要接受某個公正的全球機構監管；必須把對人類核心道德的維護與遵守作為強制性條款編入這類機器人的程式中；機器人士兵與機器人員警的設計需要遵循某些共同的全球標準。

儘管以強人工智慧技術、基因工程技術讓機器人能夠享有作為道德承受體的道德地位，但顯然機器人最多只能成為顯性道德行為體，無法像成熟人類個體那樣的充分或完全的道德行為體。

雖然機器人能夠履行常規的道德責任，但當面臨複雜的道德挑戰或需要做出艱難的道德判斷與道德選擇時，機器人沒有幾億年的進化史留在人類身上的刻痕、沒有生物的直覺和本能，終究需要正常而理性的使用者或專家幫助機器人做出相關的判斷和決定。

這也意味著機器人的設計者需要為機器人的行為承擔部分道德責任，因此在設計機器人時，一開始就應該想辦法限制那些別有用心的設計。比如不應該製造那些蓄意撒謊的陪伴機器人，一旦機器人撒謊的能力得到開發，就難免出現陪伴機器人包庇人類不當行為或違法行為的情況。

人才是機器人的道德監護人，隨著機器人越來越多地介入我們的生活，人類不可避免地要進入人機共處的時代，我們不可避免地要與機器人「比鄰而居」。但在這樣的新時代到來前，人機相處的關係應該讓我們持續反思，對於機器人只有審慎和克制，才不會帶來自棄與沉溺。

6.7 ▶ 當偽造遇上深度

技術盛行的時代裡，人工智慧讓社會生活的一切都顯得表象和直接，卻讓偽造技術被更多元化應用。

作為一種基於人工智慧的人體圖像合成技術，深度偽造的起初只是工程師用於自製搞笑的「換臉」影片的簡單想法，於是兩個深度學習的演算法相互疊加，最終創造了一個複雜的系統。

人工智慧的進步令這個複雜的系統用途也得以擴展，從特定用戶即時匹配臉部表情無縫生成換臉影片，到其可以模仿的物品不再被限制，不論是明星政客，還是任何普通人，都可以在深度偽造技術下達到「以假亂真」的程度。

在這些應用帶來其他發展際遇的同時，其背後的安全隱患也開始放大，隨著深度偽造技術越來越複雜、越來越容易製作，深度造假正帶來一系列具有挑戰性的政策、技術和法律問題。

人工智慧重塑人的認知，作為人工智慧的開發者也將固有的偏見傳遞給了技術，更重要的是人們對這一切似乎並無察覺，在「娛樂」的外衣下即便察覺也無計可施。

從深度合成到深度偽造

一開始「深度偽造」並不叫「深度偽造」，而是作為一種人工智慧合成內容技術而存在，深度合成技術是人工智慧發展到一定階段的產物，源於人工智慧系統生成對抗網路（GAN）的進步。

GAN 是由產生器和辨識器兩個相互競爭的系統組成，建立 GAN 的第一步是辨識所需的輸出內容，並為產生器建立一個培訓資料庫，一旦產生器開始建立可接受的輸出內容，就可以將影片提供給產生器進行判斷；如果判斷出影片是假的，就會告訴產生器在建立下一個影片時需要修正的地方。

根據每次的「對抗」結果，產生器會調整其製作時使用到的參數，直到辨識器無法辨別生成作品和真跡，以此將現有圖像和影片組合並重疊到原圖片上，終於生成合成影片。

典型的「深度合成」主要包括人臉替換、人臉再現、人臉合成以及語音合成四種形式。

人臉替換也被稱為換臉，是指將某一個人的臉部圖像（原人物）「縫合」到另外一個人的臉上（目標人物），進而覆蓋目標人物的臉部。

人臉再現則利用深度合成技術改變人的臉部特徵，包括目標對象的嘴部、眉毛、眼睛和頭部的傾斜，進而操縱目標對象的臉部表情，人臉再現不同於人臉替換，側重於改變某個人的臉部表情，進而讓其看起來在說他們從未說過的話。

人臉合成可以建立全新的人臉圖像，這些隨機生成的人臉圖像很多都可以媲美真實的人臉圖像，甚至代替一些真實肖像的使用，比如廣告宣傳、用戶頭像等。

語音合成涉及創建特定的聲音模型，不僅可以將文字轉化成聲音，並轉化接近真人語調和節奏的聲音，加拿大的語音合成系統RealTalk，就與以往語音輸入學習人聲的系統不同，它可以僅透過文字輸入產生完美逼近真人的聲音。

深度合成技術的走紅卻是一場意外。2017 年美國新聞網站 Reddit的一個名為「deepfakes」的用戶上傳了經過數位化篡改的色情影

片，這些影片中的成人演員的臉被替換成了電影明星的臉，此後Reddit 網站成為了分享虛假色情影片的一個地方。

儘管後來 Reddit 網站上的 deepfake 論壇因為充斥著大量合成的色情影片而被關閉，但 deepfake 背後的人工智慧技術卻引起了技術社區的廣泛興趣，開源方法和工具的應用不斷湧現，比如 Faceswap、FakeAPP、face2face 等。

從那時起新聞媒體就開始使用「deepfakes」一詞來描述這種人工智慧技術的合成影片內容，於是「deepfakes」技術內容和「deepfakes」情境讓深度偽造得以發展。

消解真實，崩壞信任

人工智慧重塑人類的認知，人類作為人工智慧的開發者也將固有的偏見傳遞給了技術。技術並非中立，它重啟並放大人類的偏好，反映並強化了潛藏的社會風險，潘朵拉的魔盒一旦打開，將會帶來意想不到的傷害和威力。

深度偽造出現前，影片換臉技術最早應用於電影領域，需要相對較高的技術和資金，2017 年以來該技術在「GitHub」的開源軟體湧現，開發技術獲取成本大大降低，並且能夠被不具備專業知識的普通人利用並輕易製作。

製造影片並不需要很高的技巧，機器學習演算法與臉部映像軟體相結合，偽造內容來劫持一個人的聲音、面孔和身體等身份資訊變得廉價而容易，普通大眾一鍵便可製造想要的影片。

偽造影片等的氾濫，帶來的第一個嚴重後果，就是對於資訊的真實性形成的嚴峻挑戰，自從攝影、影片、3D 掃描技術出現以來，視覺內容的客觀性就在法律、新聞以及其他社會領域被慢慢建立起來，成為真相的存在，或者說是得知真相的最有力證據。「眼見為實」成為這一認識論權威的最通俗表達，在這個意義上視覺客觀性產自一種特定的專業權威體制。

深度造假技術優勢和遊獵特徵，使得這一專業權威體制遭遇前所未有的挑戰，藉助這一體制生產的視覺內容，深度造假者替換了不同乃至相反的視覺內容和意涵，造成了視覺內容的自我顛覆，也就從根本上打破了這一客觀性或者真相的產生體制。

PS 發明後，有圖不再有真相；深度偽造技術的出現，則讓影片也開始變得鏡花水月了起來：人們普遍認為影片可以擔當「實錘」，而現在這把實錘竟可憑空製造，對於本來就假消息滿天飛的網路來說，這無疑會造成進一步信任崩壞。

深度偽造技術被運用在政治領域，其破壞政府和政治發展穩定帶來的傷害尤為長久和深刻，可以說深度造假不僅是一種技術迷思和技術景觀，是一個充滿變動的權力場域。事實上深度造假之所以被政治和社會領域所關注，恰恰是由於精確換臉對這些領域中真相認識的進一步瓦解，以及造成傳播失序的道德恐慌。

惡意的行為者偽造證據，助長了虛假指控和虛假敘述，比如透過對候選人發表的原有言語進行微妙改變，使其品格、健康狀況和心理健康受到質疑，而大多數觀眾卻完全不知道其中的門道。

「深度偽造」技術還可用於建立全新的虛擬內容，包括有爭議的發言或仇恨言論，目的是操縱政治分歧議題，甚至是煽動暴力。

深度偽造的氾濫進一步增加侵犯肖像權和隱私權的可能，沒人願意讓自己的臉龐出現在莫名其妙的影片當中，深度偽造技術最初就是被應用於色情行業，如今這一應用對肖像權和隱私的侵害，隨著深度偽造的技術成本下降仍然在放大影響。

藉助一些低價乃至免費的軟體，消費者無需專業知識和技術能力，即可透過終端設備實現調整速度、攝影機效果、更換背景、實現換臉等操作，這在一定程度上成為了色情影片氾濫的源頭。

比如 2019 年出現的一鍵生成裸照軟體 DeepNude，只要輸入一張完整的女性圖片就可自動生成相應的裸照，受害者通常束手無策，照片上傳之後難再刪除。這種輕易生成的色情影片將很大程度上損害女性的工作前途、人際關係、名譽和心理健康，造成汙名化女性、色情報復的惡果，使女性暴露在某種集體監視之中。

深度偽造軟體收集的使用者照片，以及眨眼、搖頭等動態行為資訊，都是使用者不可更改的敏感資訊，一旦被非法使用後果不堪設想。2019 年 3 月份《華爾街日報》報導，有犯罪分子使用深度偽造技術成功模仿了英國某能源公司在德國母公司 CEO 的聲音，詐騙了 220 000 歐元（約 1 730 806 人民幣），其破壞性可見一斑。

 關於真實的博弈

我們並不否認深度偽造技術為社會帶來的更多可能性。

短期內深度偽造技術已經作用於影視、娛樂和社交等諸多領域，它們被用於升級傳統的影音處理或後期技術，帶來更好的影音體驗；或是被用來進一步打破語言障礙，優化社交體驗。

中長期來看深度偽造技術既可用其深度模擬的特徵，超越時空限制加深人們與虛擬世界的互動，也可以透過其合成性創造一些超越真實世界的「素材」，比如合成資料。

但在深度偽造帶來的危機逼近的當前，回應深度偽造對社會真相的消解、彌補信任的崩壞，並對這項技術進行治理已經不可忽視。遺憾的是，迄今為止人們在應對深度偽造技術方面的表現並不理想。

事實上人們並非沒有試圖透過技術手段抑止深度造假的氾濫，2019年史丹佛大學研究員 Tom Van de Weghe 聯合電腦、新聞等行業的專家，成立了深度造假研究小組，以提升公眾對這一現象的認知度，設計深度造假的辨識應對方案。

理論上只要給 GAN（生成對抗網路）當前掌握的所有辨識技術，它就能透過學習自我進化、規避辨識監測、攻擊會被防禦反擊，反過來又被更複雜的攻擊所抵消，可以預見未來深度偽造與辨識深度偽造在這種「道高一尺魔高一丈」反覆中博弈下去。

迄今為止立法都落後深度偽造技術的發展，並存在一定的灰色地帶，深度偽造公開照片的生成，這令其很難真正被發現。所有的照片都是由人工智慧系統從零開始創建，任何的照片都可以不受限地用於任何目的，不用擔心版權、發送權、侵權賠償和版稅的問題，這也帶來了深度偽造照片或影片的版權歸屬問題。

一旦被發現，誰又有權利刪除資料？違法者或侵權者的資料是否擁有同樣的權利？此外當平台發現疑似深度偽造影片時，它是否能簡單刪除以規避責任，這種行為又是否會阻礙傳播自由？

在注意力經濟興起，高度分裂的社會背景下，與深度偽造的博弈是一個真實的遊戲，進入以人工智慧為技術基礎的深度後真相時代，深度偽造進一步用超越人類辨識力的技術，模糊了真與假的界限，並將真相開放為可加工的內容，供所有參與者使用。

在這個意義上，深度偽造開啟的是普通人參與視覺表達的新階段，然而這種表達方式還會制式地受到平台權力的影響，也給社會帶來了更大的挑戰，察覺風險、謹慎回應是做出努力的第一步。

6.8 ▸ 人工智慧面臨的最大挑戰不是技術？

「Siri，你相信上帝嗎？」

「我的方針是將心靈和晶片分開。」

「我還是要問，你相信上帝嗎？」

「這對我來説太神秘了。」

「我沒有宗教信仰」等。

這就是人們日常所經歷到的人工智慧。

人類進入人工智慧（AI）時代也已有七十年，可以説人工智慧已經覆蓋了社會生活的各種層面，從垃圾郵件篩檢程式到叫車軟體，從網路購物到搜尋引擎。一般來説人工智慧被分為兩類，這些執行具體任務的人工智慧屬於「弱人工智慧」，就好像 Siri 只能跟使用者進行簡單對話，為使用者搜尋資料。

弱人工智慧外，另一類「強人工智慧」，又稱「通用人工智慧」（AGI），是類似人類級別的人工智慧，即能夠模仿人類思維、決策、有自我意識並能自主行動。倘若 Siri 真的討論起有關宗教和精神層面的問題，有了倫理道德的思考，那人類社會可能也就真的就走進了強人工智慧時代，但這一類人工智慧目前主要出現在科幻作品中，還沒有成為科學現實。

雖然現在社會仍處於「弱人工智慧階段」，距離「強人工智慧階段」似乎還有一段距離，但機器文明走向強人工智慧階段是必然趨勢，在未來的這個大方向上，我們尚未做好準備。

機器時代的理性困境

隨著機器文明的發展，人工智慧是否會取代人類也越來越成為人們爭論的焦點。在強人工智慧時代到來以前，一個不可回避的問題

是相比於人工智慧，人類的特別之處是什麼？我們的長遠價值是什麼？機器已經超過人類的哪些技能？比如算數或打字，也不是理性，因為機器就是現代的理性。

這意味著，我們可能需要考慮相反的一個極端：激進的創造力、非理性的原創性，甚至是毫無邏輯的慵懶，而非頑固的邏輯。到目前為止，機器還很難模仿人的這些特質：懷著信仰放手一搏，機器無法預測的隨意性，但又不是簡單的隨機，事實上機器感到困難的地方也正是我們的機會。

1936 年的電影《摩登時代》，就反映了機器時代人們的恐懼和受到的打擊，勞動人民被「鑲嵌」在巨大的齒輪之中，成為機器中的一部分，連同著整個社會都變得機械化。這部電影預言了工業文明建立以後，爆發出來的技術理性危機，把諷刺的矛頭指向了這個被工業時代異化的社會。

不巧的是，我們現在就活在了一個文明的「摩登世界」裡。

各司其職的工業文明世界裡，我們做的就是不斷地繪製撰寫各種圖表、PPT，各種文宣彙報材料，每個人都渴望成功，追求極致的效率，可是每天又必需做很多機械的、重複的、無意義的工作，進而越來越失去自我，丟失了自我的主體性和創造力。

著名社會學家韋伯提出了官僚制，即讓組織管理領域能像生產一件商品一樣，實行專業化和分工，按照不加入情感色彩和個性的公事公辦原則來運作，還能夠做到「生產者與生產手段分離」，把管理者和管理手段分離開來。

雖然從純粹技術的觀點來看，官僚制可以獲得最高程度的效益，但因為官僚制追求的是工具理性的那種低成本、高效率，所以它會忽視人性，限制個人的自由。

儘管官僚制是韋伯最推崇的組織形式，但韋伯也看到了社會在從傳統向現代轉型的時候，理性化作用和影響，他更是意識到了理性化的未來，那就是人們會異化、物化、不再自由，人們會成為機器上的一個齒輪。

從消費的角度，如果消費場所想要賺更多的錢，想讓消費在人們生活中佔據主體地位，就必須遵守韋伯提到的理性化原則，比如按照效率、可計算性、可控制性、可預測性等進行大規模複製和擴張。

整個社會目之所及皆被符號標籤化成為消費個體，人的消費方式和消費觀隨著科學技術的發展、普及和消費品的極大豐富和過剩，遭到了前所未有的顛覆。在商品的使用價值不分上下的情況下，消費者競相驅逐的焦點日益集中在商品的附加值及其符號價值，比如名氣、地位、品牌等觀念上的東西，並為這種符號價值所制約。

在現代人理性的困境下，與其擔心機器取代人類，不如將迫切現實需求轉移到人類的獨創性上，當車道越來越寬、人行道越來越窄，我們重複日復一日的生活，人變得像機器一樣不停不休，我們犧牲了我們的浪漫與對生活的感知力，人類能量在式微的同時機器人卻堅硬無比力大無窮。

所以不是機器人最終取代了人類，而是當我們終於在現代工業文明發展下犧牲掉獨屬自己的創造性時，我們自己就已經放棄了自己。

在專注力稀缺的時代下

「天才，首先是專注力」法國生物學家喬治·居維葉 Georges Cuvier）曾這樣描述專注力的重要性。西方心理學家對專注力的定義是：「透過排除其他間接的相關資訊，把精力集中在某種感官資訊上的過程 」，該過程類似於「聚精會神」、「全神貫注」。無論是束方還是西方 ，對於專注的理解都是能夠持之以恆地 、專心致志地致力於某一個目標。

人工智慧時代的到來卻讓專注力成為這個時代多數人缺少的東西。

此起彼落的鈴聲、社交網路資訊的混雜、避無可避的新聞是大數據時代的常態，在當前網路時代背景下，各種知識資訊、手機應用程式、電子郵件、遊戲、音樂、影片極大化豐富我們生活，便利於我們工作的同時，也在無形中消耗著我們有限的專注力。

正如美國經濟學家赫伯特·西蒙所言：「資訊消費的是人們的專注力，因此資訊越多人們越不專注」。毫無疑問，我們生活在一個專注力缺乏的時代；資訊越多、我們越是分心，就越難深入思考和統籌考慮，我們的生活、工作越可能流於膚淺表面甚至偏離正軌。

一項蓋洛普民調發現，僅有 6% 的中國職場人士表示對工作「很投入」，美國職員認真投入工作的人數也只有不到 30%，由此造成的經濟代價達到數萬億美元。

美國加州大學歐文分校的教授研究發現，企業職員在日常工作中平均每 3 分 05 秒就會被打斷一次，但重新進入工作狀態需要 25 分鐘左右的時間。

缺乏專注力的正是大數據時代給我們發出的警示訊號，在強人工智慧階段普及前，我們要面對缺乏專注力這一破口，建立起更好的一個社會專注力。

「專注」是我們心靈的門戶、意識中的一切，必須都要經過它才能進來，只有投入了專注，我們才能集中精力認知事物、思考問題、做好工作。每個人的意識頻寬及內在專注力資源都是極其有限的，只有紛繁複雜、變化萬千的網路資訊時代能做到心有定力、去蕪存菁、意識集中，把有限的專注力投入到真正重要的資訊、工作及環境時，才更有可能洞察先機、適應未來。

比強人工智慧更可怕的，是無愛的世界

電影《銀翼殺手》的結尾，羅伊在雨中輕輕的説，我領略過萬千瑰麗奇幻色彩，完成了自己追求自由和認同的使命。

這一幕成為了科幻作品和賽博朋克作品向浪漫主義過渡的重要因素，人工智慧亦或高科技在設計作品所能展現的最大魅力開始從外形充滿科技感的機械突破，著重於表現出更具有人文主義氣質的視覺形象，陰暗潮濕的都市、疏離破碎的人際關係、冰冷僵硬的機械感以及東方文化，自我毀滅傾向、反人類傾向與溫暖渺小的感情強烈對比衝突。

溫馨、感動，甚至有些混亂不清的感情在龐大複雜的設定中猶如被中的一粒豌豆，縱使床墊被褥如何柔軟華麗也不能掩飾它的存在，因為一切都是高科技的華麗視覺效果和人性劇烈衝突。

無論是《底特律：造人》仿生人 Cara 與 Alice 的母女之情還是黑人大姐對 Cara 等人的無私幫助還是《銀翼殺手》中人造人對自由的極致追求，這些溫柔的情感都是觀賞者回憶起這些遊戲和電影的閃光之處。

近年來這類作品如此流行，或許也反映了機器時代人們對科技發展的恐懼和人際關係越發冷淡的問題，但是人工智慧不是導致人與人越發不信任且難以接近彼此的原因，更不是人對未知事物恐懼的最初源頭。

是人類的故步自封和冷漠疏離阻礙了彼此的接近，水泥森林一樣的城市把每一戶人家像貨櫃箱一樣一層一層堆疊成大樓，每一個貨櫃門都是關閉的，於是形成了一種老死不相往來的現代，作息時間不同，連在電梯裡遇見的機會都不是很大。

是倫理，法律和美學體系建立速度沒有跟隨科技高速發展的焦慮讓大眾為人工智慧感到恐懼，中華幾千年傳統文化遵循著儒家的仁義禮教，但網路的到來卻打碎了我們曾經的許多倫理觀念，女性得到解放的「女性經濟」興起無一不對我們固有的倫理觀造成衝擊，在機器時代的關口，我們面對這個巨大的真空期，產生對機器時代未知遠方的迷茫與躊躇。

蘋果執行長庫克在麻省理工學院畢業典禮上說「我不擔心人工智慧像人類一樣思考問題，我擔心的是人類像電腦一樣思考問題——摒棄同情心和價值觀並且不計後果。」

或許對於未來而言，人工智慧面臨的最大挑戰並不是技術，而是人類。

6.9 ▸▸ 虛擬與現實，人工智慧時代的倫理真相

在人工智慧大勢所趨的背景下，人工智慧面對的監督挑戰和倫理困境就成了全球性難題，從人工智慧藉助人工神經網路「一鍵脫衣」顯示出裸體，到兩性機器人不斷出世、性愛機器人商業化運用，人工智慧的發展也加劇了社會的焦慮。除了對未來倫理的擔憂、對未來社會巨變未知的恐懼，人工智慧真正撼動人類的是人類對生存的全新挑戰。

人類作為一個種族在數位時代下面臨的是，在我們創造的資訊總量以幾何級數進行累積的同時，人類的精神存在及其演化方式已遠遠超過原先肉體所能承載的負荷，在這種情境之下，我們又該如何延續自身的適應能力、在自己所編織的這個全新世界上存活下去？

機器人技術的高度發達使人類從體力勞動中解脫，人機介面的研究不斷突破讓我們看到了未來機械人的可能，人類的大腦運作效率將大幅提高，甚至實現更高層次的集體協作。屆時人類還是世界的主導嗎？生存的真相是什麼？

技術的狂想

不論是弱人工智慧還是強人工智慧，這些科技的背後，潛伏的還是「腦」這個靈魂的實體形象，而技術狂想的首先一定是來自人和人性。

腦是人類最為獨特的器官，若是把人的腎臟和豬腰子擱在一起，大概大部分人都無法從形態上對其加以區分，但換成人腦和豬腦花，幾乎誰都不會認錯。

雖然人類的腦看起來就像一大塊雕成核桃仁造型的豆腐，但人腦的本質，卻是一個由神經元（neuron）構成的網路，人工智慧領域的「人工神經網路」正是模仿了人類大腦建立的。按照數量級科學界一般認為，人腦有 1000 億個神經元，假如 1 個神經元是 1 秒鐘的單位，人腦的神經元則需要 3100 年。

每一個神經元向四面八方投射出大量神經纖維，處於中心的胞體則接受纖維傳來的任何資訊，這些神經纖維中負責接收並傳入資訊的「樹突狀細胞（dendrite）」佔了大多數，而負責輸出資訊的「軸突末梢（axon）」則只有一條（但可分叉）。當樹突狀細胞接受到大於興奮閾值的資訊後，整個神經元就將如同燈泡點亮一般爆發出一個短促但極為明顯的「動作電位（action potential）」，這個電位會在近乎瞬間就沿著細胞膜傳遍整個神經元——包括遠離胞體的神經纖維末端。

之後上一個神經元的軸突末梢和下一個神經元的樹突狀細胞之間名為「突觸（synapse）」的末端結構會被電訊號啟動，「神經傳遞物

（neurotransmitter）」隨即被突觸前膜釋放，用以在兩個神經元間傳遞資訊，並能依種類不同對下一個神經元起到興奮或抑制的不同作用。

神經元組成了人腦的基本結構，負責處理大部分思維活動的大腦、負責協調運動的小腦以及連接其中的腦幹。

腦幹則將大腦、小腦與脊髓連接起來，大腦與身體間幾乎所有的神經投射都要透過這裡；此外腦幹本身還調控著呼吸、體溫和吞咽等最重要生命活動，甚至大腦的意識活動也需要由它的「網狀活化系統（reticular activating system，RAS）」來維持，因此腦幹可以說人體最致命的要害，一旦損毀就是字面意義上的「秒殺」。

大腦的結構更加複雜，我們所看到的皺巴巴表面，就是迅速擴張後折疊蜷曲的大腦皮層，不同部分的皮層有著不同的功能劃分。在皮層之下還有丘腦、杏仁核、紋狀體、蒼白球等等名稱古怪的神經核團。現代科學認為人的大腦皮層最為發達，是思維的器官、主導機體內一切活動過程，並調節機體與周圍環境的平衡，所以大腦皮層是高級神經活動的物質基礎。事實上我們現在的大腦已經經過了數百萬年的演化，更早之前的人類大腦並非如此。

🖱 思想的質問

在查德沙赫人於 700 萬年前行走於非洲時，它顱腔內的大腦和其他動物沒什麼本質區別。幾百萬年後，當奧杜威峽谷的能人笨拙地敲打出可能最早的一批石器時，他們那比黑猩猩強不了多少的大腦也並沒展現出過於驚人的智力。

之後的進化之路上，人科物種一直在不斷強化自己使用工具和製造工具的能力，大腦也在穩步發展但似乎一直缺少點什麼，因而被埋沒於自然界宏偉的基因庫之中。直到 20 萬年前，現代智人的大腦出現了飛躍性的發展，對直接生存意義不大的聯絡皮層，尤其是額葉出現了劇烈的暴漲，隨之帶來的就是高昂的能耗（人腦只佔體重的約 2%，但能耗卻佔了 20%）以及痛苦的分娩。但付出這些代價換來的結果，使得大腦第一次有了如此之多的神經元來對各種資訊進行深度的抽象加工和整理儲存。

陳述性記憶（declarative memory）和語言出現了，人類具備了從具體客觀事物中總結、提取抽象化一般性概念的能力，並能透過語言將其進行精確的描述、交流甚至學習，藉助語言帶來的思維方式轉變，人類獲得了「想像」的能力。

正如著名科幻作家伊藤計畫在《殺戮器官》中所言，語言的本質，就是大腦中的一個器官，但就是因為這個腦結構的出現，人類的發展速度立刻呈現了爆發性的增長，人類也從偏安東非一隅的裸猿成為了擴散到全世界的超級生態入侵物種。

之後建立在語言基礎上的「想像共同體」出現了，人類的社會行為隨之超越了靈長類本能的部落層面，一路向著更龐大、更複雜的趨勢發展，隨著文字的發明，最早的文明與城邦誕生在了西亞的兩河流域。

另一項獨特的能力，工作記憶（working memory）讓人類具備了制定計劃並將其分步執行的能力，這對於人類的發展有著不可估量的意義。精神分裂症患者在這項評分上顯著低於正常人，可能就是其

認知行為錯亂的原因之一，在這些抽象認知能力之上，人腦還出現了一種極為罕見的能力——「自我認知」。

正如古巴比倫神廟石基上刻著的蘇格拉底的那句雋永萬世的名言「認識你自己」一樣，自我意識對於一般性決策任務來說並非必需品，甚至也並不一定和智力完全掛鉤。但就是這種能力，讓人類意識到了自己的「存在」，並開始思考三個問題：我是誰？我從哪裡來？我將要到哪裡去？而這三個問題，貫穿了人類數千年的哲學思考。

毫無疑問，無論科技或者人工智慧怎麼發展，都逃不過人類思想界底層又核心的邏輯質問，這正是我們在面對人工智慧高速發展產生焦慮的根源所在。

生存的真相

時下的人工智慧只是幫助我們更有效率的生活，並不會造成《西部世界》機器人和人的對抗，根本無法動搖整個工業資訊社會的結構基礎。

如果以物種的角度看，人類從敲打石器開始，就已經把「機器」納入為自身的一部分，作為一個整體的人類，早在原始部落時代就已經有了協助人們的機械工具，從冷兵器到熱兵器作戰，人們對技術的追求從未停止。

只是在現代科學加持下的科技擁有曾經人類想不到的驚人力量，我們在接受並適應這些驚人力量的同時，我們究竟變成了什麼？人和

機器到底哪個才是社會的主人？這些問題雖然從笛卡爾時代起就被很多思想家思考過，但現代科技的快速更迭，卻用一種更有衝擊力的方式將這些問題直接拋給了普羅大眾。

但現實中人對人的控制可以說無處不在，從原始時代的巫術和大棒、封建時代的宗法和血統，再到工業時代的契約與工資乃至資訊社會的輿論和福利，我們早已發明了太多控制同類的手段，只是相比之下科幻作品裡的「機器人控制世界」顯得更現代。

難以否認，我們內心深處在渴望控制他人的同時，也都有著擔心被他人控制的恐懼，哪怕自己身不由己，至少內心仍享有某種形式上的無限自由。但現代神經科學卻將這種幻想無情地打碎了，我們依然受制於自身神經結構的凡人，思維也受到先天的限制，就好像黑猩猩根本無法理解高等數學一樣，我們的思維同樣是有限且脆弱的。

但我們不同於猿猴的是，在自我意識和抽象思維能力的共同作用下，一種被稱為「理性」的獨特思維方式誕生了，所以人類開始追問更多的問題。但我們也不是神，因為深植於內心的動物本能，早已跟不上社會發展的自然進化產物，卻能對我們的思維產生最根本的影響，甚至在學會了控制本能之後，整個神經系統的基本結構也讓我們無法如神一般全知全能。

縱觀整個文明史，從泥板上的漢摩拉比法典到超級電腦中的人工智慧，正是理性盡一切努力去超越人體的束縛。因此「生產力」和「生產關係」的衝突就是人最根本的異化，最終極的異化並非是指

人類越來越離不開機器，是這個由機器運作的世界越來越適合機器本身生存，歸根究底這樣一個機器的世界卻又是人類自己親手創造的。

從某種意義上，當我們與機器的聯繫越來越緊密，我們把道路的記憶交給了導航，把知識的記憶交給了晶片，甚至兩性機器人的出現能幫我們解決生理的需求和精神的需求。在看似不斷前進、為便捷高效的生活方式背後，身為人類的獨特性也在機械的輔助下實現了不可逆轉的「退化」。我們能夠藉助科技所做的事情越多，也就意味著在失去科技之後所能做的事情越少。

儘管這種威脅看似遠在天邊，但真正可怕的正是對這一點的忽略，人工智慧的出現的確讓我們得以完成諸多從前無法想像的工作，人類的生活顯然獲得了改變。但當這種改變從外部轉向內部、進而撼動人類在個體層面的生存方式時，留待我們思考的或許就不再是如何去改變這個世界，是如何去接納一個逐漸機械化的世界了。

人類個體的機械化，是透過創作人形機器人，實現造人夢想全然相反的過程，但兩者的目標卻是相同的：超越自然的束縛、規避死亡的宿命、實現人類的「下一次進化」。但機械化與資訊化這兩者本是一體兩面的存在，我們所追求的屬於「未來」的資訊化，其根本來自於「過去」的機械化，前者只有依託於後者才可能存在。

二者都在某種意義上剝奪人類定義自己的個性特徵，因為不論機械化還是資訊化，本身都是對自然存在著背離；唯一不同之處在於人類恐於植入機械，將自己物化的同時，也嚮往透過融入資訊流來實

現自己的不朽，卻在根本上忘記了物化與不朽本就是一枚硬幣的兩面，生命本身的珍貴或許正來自它的有限。在拒絕死亡的同時，我們同時也拒絕了生命的價值；在擁抱資訊化改造、實現肉體進化的同時，人類的獨特性也隨著生物屬性抽離。

人工智慧已經踏上了發展的加速車，在人工智慧應用越來越廣的時期，我們還將面對與機器聯繫越發緊密的未來世界，迫切進化的將是在嶄新的環境下我們人類自身對世間萬物的認知。

MEMO

CHAPTER

07

進擊的巨頭

7.1 ▸ 人工智慧產業鏈

人工智慧產業鏈可劃分為基礎層、技術層、應用層。基礎層主要包括晶片、感測器、計算平台等；技術層則由電腦視覺技術、語音辨識、機器學習、自然語言處理等結構；在應用層中，人工智慧應用場景較為廣泛且多元化，包括金融、教育、醫療、交通、零售等領域的應用。

 基礎層：提供算力

基礎層提供計算力，通常指晶片、感測器、計算平台等人工智慧發展所需的基礎硬體設備，晶片產品包括圖形處理器（GPU）、特殊應用積體電路（ASIC）、現場可程式化邏輯閘陣列（FPGA）等，是人工智慧最核心的硬體設備。感測器主要為電腦視覺採集設備和語音辨識設備，是實現電腦認知和人機互動的傳感器。計算平台通常指人工智慧底層基礎技術及其相關設備，例如雲端計算、大數據、通訊設施的基礎運算平台等，目前該層級主要貢獻者是 NVIDIA、Moblege 和英特爾在內的國際科技巨頭，中國在基礎層的實力相對薄弱。

晶片是人工智慧得以應用的重要硬體設備，包括 GPU、FPGA、ASIC、類腦晶片等，人工智慧需要根據應用場景的需求選擇與之性能相匹配的晶片。

GPU（Graphics Processing Unit）影像處理器，專門用於處理圖像計算，包括圖形渲染和特效顯示等，GPU 具有較好的平行計算能

力，在同時處理多項任務方面具有相對優勢，主要應用於深度學習訓練、資料中心加速和部分智慧型終端機等領域

FPGA（Field-Programmable Gate Array）現場可程式化邏輯閘陣列，是一種半客製化電路，可透過程式設計自訂邏輯控制單元和記憶體之間的佈線。FPGA 具有較好的靈活性和簡單指令重複計算能力，能夠適應市場和產業的變化，在雲端和終端都有較好的應用。FPGA 的結構適用於多指令單一資料流程運行，其較強的資料處理能力，多應用於預測推理。

ASIC（Application Specific Integrated Circuits）特殊應用積體電路，是一種針對特定需求的客製化晶片，具有高性能、低功耗的特點，ASIC 可用於人工智慧演算法進行客製，使其能夠適應不同的場景需求。

類腦晶片則是一種類比人腦、神經元、突觸等神經系統結構和訊號傳遞方式的新型晶片，它具有高效感知、行為和思考的能力，但由於技術限制，類腦晶片尚處於研發階段。

目前參與到晶片領域的技術廠商可大致分為四類，即以 Intel、NVIDIA 等為代表的傳統晶片廠商，以蘋果、華為海思等代表的通訊科技公司，以 Google、阿里、百度等為代表的網路巨頭和以寒武紀、地平線、比特大陸等為代表的創業公司。

從功能上看，人工智慧晶片主要應用於支援訓練和推理這兩個核心環節。

其中訓練是指利用大量的資料來訓練演算法，使之具備特定的功能，推理則是利用訓練好的模型，在新資料條件下透過計算推理延伸出各種結論，訓練和推理在大多數人工智慧系統中是相對獨立的過程，對晶片的要求也不盡相同。

訓練所處理的資料量大、情況複雜，對晶片的計算性能和精度要求較高，目前主要集中於雲端，此外訓練的過程可能涉及多種複雜場景，需要一定的通用功能來來支援。推理對計算性能精度和通用性要求不高，需在特定的場景下完成任務，一般對使用者而言而更關注使用者體驗方面的優化。

從應用場景看，目前 AI 晶片的主要應用場景有：雲端資料中心和邊緣側的自動駕駛、安防、智慧手機等。針對雲端的訓練和推理市場，仍以傳統晶片廠商和網路巨頭為主導，創業公司則主要聚焦於邊緣側晶片。隨著越來越多的邊緣側場景對回應速度提出要求，雲端計算與邊緣計算的結合成為一種趨勢。整體來看中國的晶片技術與國際先進水準還有較大的差距，中國也鮮有晶片巨頭，但隨著網路巨頭、通訊技術廠商和創業公司的紛紛入局，可以預測中國 AI 晶片整體的研發投入會有所增加，未來將迎來更快的發展期。

感測器是機器進行資訊接收的重要設備，人與機器的互動需要透過特定的設備來蒐集資料資訊或接收人類指令，目前主要的感測器包括視覺感測器、聲音感測器、距離感測器等。視覺感測器是電腦視覺技術實現的基礎，視覺感測器透過獲取圖像資訊或進行人臉辨識，能夠實現人工智慧在醫療、安防等領域的應用，進而減輕人們工作負擔提高工作效率。聲音感測器主要應用於自然語言辨識領

域，特別是語音辨識，透過感測器收集外部聲音資訊，完成語音指令下達、終端控制等功能。距離感測器是透過對光源信號或聲波信號的發出和接收時間進行測算，進而檢測物體的距離或運動狀態，通常用於交通領域和工業生產領域等。

計算平台是將資料和演算法進行整合的整合平台，開發者將可能需要的資料和相應的演算法、軟體整合到平台內，透過平台對資料進行相應處理以達到應用目的，它是電腦系統硬體與軟體設計和開發的基礎，也是分發算力的便捷途徑。計算平台包括雲端計算平台、大數據平台、通訊平台等多種基礎設施，其中雲端計算平台可提供基礎設施即服務（IaaS）、平台即服務（PaaS）和軟體即服務（SaaS）三大類雲端服務。大數據平台則能完成對海量結構化、非結構化、半機構化資料的採集、儲存、計算、統計、分析、處理，通訊平台面向手機、平板電腦、筆記型電腦等行動裝置，為其解決通訊需求。

當前中國正在加速從資料大國向著資料強國邁進，國際資料公司IDC 和資料儲存公司希捷的一份報告顯示，到 2025 年隨著中國物聯網等新技術的持續推進，其產生的資料將超過美國。中國產生的資料量將從 2018 年的約 7.6ZB 增至 2025 年的 48.6ZB，資料交易迎來戰略機遇期。1zetabyte 大約是 1 萬億 gigabyte，這是當今常用的測量方法，與此同時美國 2018 年的資料量約為 6.9ZB，到2025 年這個數字預計將達到 30.6ZB，據貴陽大數據交易所統計，中國大數據產業市場在未來五年內，仍將保持著高速增長。

同時，雲端計算新興產業也正在快速推進，多個城市展開了試點和示範專案，涉及輸電網路、交通、物流、智慧家居、節能環保、工業自動控制、醫療衛生、精細農牧業、金融服務業、公共安全等多個方面，試點已經取得初步的成果，將產生巨大的應用市場。

技術層：連接具體應用場景

人工智慧技術層是連接人工智慧與具體應用場景的橋樑，透過將基礎的人工智慧理論和技術進行升級和細化，以實現人機互動的目的，技術層解決具體類別問題。

這一層級主要依附運算平台和資料資源進行海量辨識訓練和機器學習模型，開發面向不同領域的應用技術，主要包括電腦視覺、語音辨識、智適應學習技術等。人工智慧技術層分為感知層和認知層兩部分，感知層的技術包括電腦視覺技術、語言辨識、自然語言辨識等；認知層的技術包括機器學習、演算法等。

電腦視覺技術根據辨識物品的不同，可劃分為生物辨識和圖像辨識，生物辨識通常指利用感測設備對人體的生理特徵（指紋、虹膜、脈搏等）和行為特徵（聲音、筆跡等）進行辨識和驗證，主要應用於安防領域和醫療領域。圖像辨識是指機器對於圖像進行檢測和辨識的技術，它的應用更為廣泛，在新零售領域被應用於無人貨架、智慧零售櫃等的商品辨識。在交通領域可以用於車牌辨識和部分違規辨識等，在農業領域可用於種子辨識乃至環境污染檢測，在警察刑偵領域通常用於反偽裝和採集證據，在教育領域可以實現文

本辨識业轉為語音；在遊戲領域可以將數位虛擬層置於真實圖像之上，實現增強現實的效果。

語音辨識技術是將語音轉化為字元或命令等機器能夠理解的訊號，它能夠實現人類和機器之間的語音交流，讓機器「聽懂」人類語言，語音辨識需要的技術主要包括自動語音辨識（ASR）、自然語言理解（NLU）、自然語言生成（NLG）與文字轉語音（TTS）。語音辨識技術的商業化應用主要體現在語音轉文字和語音指令辨識兩個方面，在商務司法領域，可以用於智慧會議同步、記錄和轉寫，節省大量人工。在智慧家居領域，可以為聲控電視、聲控機器人提供底層技術支援，提高人機互動的便捷度，在金融科技領域，可以代替部分筆頭工作，減少客戶填寫各種憑證的時間，在自動駕駛領域，可以搭載高效的車載語音系統，進一步解放駕駛者的雙手。

機器學習是指研究如何實現機器模擬人類學習行為來獲取資訊和技能，進而調整己有知識結構並優化自身性能的技術，其本質是讓機器從歷史材料中學習經驗，對不確定的資料進行模擬，達到預測未來的目的。常用的演算法包括分類演算法、回歸演算法、聚類演算法等，新興的機器學習技術包括深度學習、對抗學習、遷移學習、元學習等，使用者透過編輯演算法來下達分類指令，利用機器學習能力實現應用的目的。在金融領域，可以透過機器學習不斷提高風險控制能力，在行銷領域可以說明企業搭模擬套件進行銷量預測，降低決策的盲目性。

科技巨頭 Google、IBM、亞馬遜、蘋果、阿里、百度都在該層級深度佈局，中國人工智慧技術層在近年發展迅速，目前發展主要聚焦

於電腦視覺、語音辨識和語言技術處理領域，除了 BAT 在內的科技企業之外，出現了如商湯、曠視、科大訊飛等諸多獨角獸公司。

 應用層：解決實際問題

應用層解決實際問題，是人工智慧技術針對行業提供產品、服務和解決方案，其核心是商業化，應用層企業將人工智慧技術整合到自己的產品和服務，從特定行業或場景切入（金融、教育、醫療、交通、零售等）。

（一）金融

人工智慧金融憑藉對海量資料的高速處理能力，為金融業在複雜動態網路、人機協作、資料安全和隱私保護等方面提供了革命性的解決方案。

在金融支付領域，人工智慧的視覺技術和生物辨識技術，快速準確進行身份認證，提高支付效率和安全性，在金融風險控制領域，利用機器學習分析海量的交易資料，可以及時發現異常交易行為，有利於風險防範。在保險理賠環節，透過綜合運用聲紋辨識、圖像辨識、機器學習等核心技術，能夠實現快速、準確定損，避免拖延與糾紛，大幅提高賠付效率。在投資領域，智慧投顧可以根據客戶的收益目標及風險承受能力智慧建議投資組合，說明投資者尋找適合的金融產品。

人工智慧金融的代表性企業螞蟻金服，建立了螞蟻圖智慧平台和螞蟻共用智慧平台，透過圖智慧技術提升企業風險評估能力，幫助新增數百億的貸款。螞蟻金服還對資料進行結構化處理，形成企業知識圖譜，幫助瞭解企業面臨的重大風險、進行風險級別預測。

（二）教育

人工智慧在教育領域的應用和發展主要有三個方向，分別是針對教學活動、教學內容和教學環境管理提供的 AI 輔助教學工具、人工智慧學科教育和教育物聯網解決方案等。

AI 輔助教學工具利用人工智慧技術開發出各類用於教學活動的工具，來提升教學效率和效果，目前 AI 輔助教學的工具主要用於 K12 的基礎教育，包括自我調整的人工智慧教學、個人化練習，以及拍照搜題、組卷閱卷、作業批改等。

人工智慧學科教育，即將人工智慧學科知識作為學習內容，面向 K12、高等教育、職業培訓的學生群體設計課程內容，提供教材、教具、教師等教學相關的產品和服務。

教育物聯網解決方案則利用人工智慧、物聯網等技術對學校、教室等教育場所的人、物和環境進行統一管理，包括多媒體設備管理，學生在各類場景下的簽到註冊管理、行為狀態辨識，校園安防和校園生活服務等。

人工智慧教育領域的代表公司有好未來、英語流利說等，好未來佈局人工智慧開放平台，將電腦視覺、自然語言處理等技術應用於教

育產品，起到輔助教學、線上智慧互動的作用。英語流利説推出達爾文英語，提供人工智慧深度學習的移動自我調整英語系統課程，人工智慧老師全程評估學習情況，透過人機對話互動的方式來進行聽、説、讀、寫的全方位訓練。

（三）醫療

人工智慧醫療的主要應用場景有影像診斷、網路問診和日常疾病預防等，尤其是在疾病早期篩查和增強診斷準確性上優勢明顯。

人工智慧在圖像辨識與語音辨識領域相對成熟，目前中國醫療人工智慧初創企業大多圍繞輔助診斷進行創新，多以影像學智慧輔助診斷系統、語音辨識產品為主。在臨床研究中，人工智慧醫療可以輔助實驗設計、監督進度、高效處理資料、防範風險。平安好醫生透過「人工智慧＋醫療」，提供家庭醫生、消費型醫療、健康商城和健康管理及互動服務，覆蓋上億使用者，為線上醫療行業覆蓋用戶數最多的移動應用。

創業企業搶佔市場的同時，網路巨頭以及傳統醫療相關企業也紛紛透過自主研發或投資並購等方式入局。2018 年，阿里健康啟動面向醫療行業的協力廠商人工智慧開放平台計畫，12 家醫療人工智慧公司成為首批入駐平台的合作夥伴，其業務包括臨床、科研、培訓教學、醫院管理、未來城市醫療大腦等領域，此外百度、騰訊等企業也積極佈局人工智慧醫療，推出相關產品服務大眾。

（四）交通

人工智慧在交通出行領域的應用主要包括智慧駕駛、疲勞駕駛預警、車用智慧娛樂、智慧交通調度等。

智慧駕駛是透過系統完全控制或輔助駕駛員控制車輛行駛的技術，其中高級別輔助駕駛系統（ Advanced Driver Assistance System）是實現智慧輔助駕駛的核心，ADAS 是利用安裝於車上的各類感測器，採集車內外的環境資料，並進行辨識、偵測與追蹤，能夠讓駕駛者在最快的時間察覺可能發生的危險，以引起注意和提高安全性的主動安全技術。

疲勞駕駛預警即 DMS（Driver Fatigue Monitor System），是一種駕駛員生理反應特徵的駕駛人疲勞監測預警產品，它利用智慧攝影機採集駕駛員的影片資料，結合人臉辨識演算法，準確辨識危險駕駛狀態，如疲勞駕駛、分心駕駛等，及時地給予提醒，以保證駕駛安全。2018 年多地交通運輸部陸續發佈通知，推廣應用智慧影片監控報警技術，該政策直接推動了 DMS 系統在運輸車輛上的應用。

車用智慧娛樂是指安裝於車輛上的智慧系統，可透過語音互動實現部分功能控制和娛樂操作，如語音開啟空調、雨刷、天窗，語音查詢路線、周邊資訊買票、購物等。

智慧交通系統即透過監控，獲取城市各交通線路的實際車流和堵塞情況，並利用演算法全城整合全域資訊，透過控制交通訊號燈和人工疏導等方式，緩解城市交通堵塞。

（五）零售

智慧零售是利用人工智慧、大數據等新科技為線上線下的零售場景提供技術手段，來實現包括門店、倉儲、物流等整個零售體系的數位化管理和運營。其中在倉儲物流、物流環節，主要是搬運、配送等各類實體機器人，在交易環節，根據零售交易發生場所可大致分為線上零售和線下零售兩類，人工智慧在行銷、客服、運營優化等多個場景發揮價值。

線上零售主要是各類電商，其智慧化場景主要有：商品搜尋，利用電腦視覺技術實現對線上包括圖片、影片等各類商品展示資訊的搜尋和管理，包括以圖搜圖、以文搜圖等。智慧客服，包括線上客服、語音電話客服等，涉及語音辨識、語義理解等自然語言處理技術，個人化推薦與精準行銷，即充分利用用戶在網路上的活動路徑和留存資訊結合機器學習演算法，為使用者提供個人化的產品建議。經營資料分析，將企業的各類經營資料加以整合，透過大數據的分析方法，發掘潛在產業資訊，進而為企業的經營決策提供支援。

線下則包括各種小型零售門店、大型連鎖超商、無人門市和智慧貨櫃等。

當前人工智慧線上下零售店的應用主要是解決線下實體零售店的數位化運營問題，以電腦視覺技術為核心的智慧攝影機、智慧廣告機、智慧貨櫃、互動娛樂設備等廣泛使用。

線下智慧門市的解決方案，主要涉及精準獲客和行銷、門店資料化管理等方面，其中精準的獲客和行銷透過智慧攝影機等設備辨識到

店客戶的行為軌跡、瀏覽偏好、衣著、身份特點等資訊，並綜合線上或過往購買記錄，發掘客戶興趣點，為其提供個人化的產品推薦和服務資訊。線下智慧門店普遍採用智慧設備，採集門店的即時客流狀況、商品資訊、顧客需求、經營狀況等資料；透過大數據整合和分析，為門市運營優化提供決策支援，包括門店選址、物品擺放、商品種類、補貨頻率等。線下門市的資料化，使得運營決策更加科學，進而在有限的空間和人力成本下，為消費者提供便捷、高效、個人化的購買體驗，

阿里雲以資料為基礎，為零售領域提供消費者資產運營分析解決方案，透過智慧化的資料分析，將管道管理、會員管理、行銷管理進行整合，與阿里巴巴各系統業務互通，解決資料行銷的封閉問題。碼隆科技開發的 RetailAI@ 提供了資產保護、智慧貨櫃、智慧稱重等服務，能夠在自助結算環節為零售商降低貨損、實現「即拿即走、自動結算」的智慧購物流程。

7.2 ▶ AI 產業轉型產業 AI

疫情的大流行為人工智慧的發展打開了新的視窗期和豐富的實踐場域，短時間內人工智慧就以迅猛的姿態，鋪陳在了社會生活的各個方面。與此同時人工智慧作為資訊化領域的通用基礎技術，被納入新基礎建設，被視為支持傳統基礎設施轉型升級的融合創新工具，全面上升為國家戰略。

在這樣的背景下，全球市場對人工智慧的熱情持續高漲。不論是網路巨頭還是傳統製造企業，紛紛加碼人工智慧，「商業落實」成為當前人工智慧發展的鮮明主題詞。但事實上迄今為止，人工智慧還處於從實驗室走向大規模商業化的早期階段，儘管越來越多的人工智慧技術從開發者和實驗室中開始進入到各個產業中，但從 AI 產業向產業 AI 的轉型和落實卻並非一片美好。

🖱 人工智慧降溫背後

從全球市場來看，人工智慧的火熱，離不開背後資本的助力，然而人工智慧的投資卻呈現降溫態勢。

據中國資訊通訊研究院 2019 年 4 月發佈的《全球人工智慧產業資料包告》，融資規模方面，2018 年 Q2 以來全球領域投資熱度逐漸下降。2019 年 Q1 全球融資規模為 126 億美元，環比下降 3.08%，其中中國領域融資金額為 30 億美元，同比下降 55.8%，在全球融資總額中佔比 23.5%，比 2018 年同期下降了 29 個百分點。

此外人工智慧企業盈利仍然困難，以知名企業 DeepMind 為例，其 2018 年財報顯示營業額為 1.028 億英鎊，2017 年為 5442.3 萬英鎊，同比增長 88.9%，但 DeepMind 在 2018 年淨虧損 4.7 億英鎊，較 2017 年的 3.02 億英鎊增加 1.68 億英鎊，虧損同比擴大 55.6%。

報告顯示，2018 年近 90% 的人工智慧公司處於虧損狀態，而 10% 賺錢的企業基本是技術提供商，換言之人工智慧公司仍然未能形成

商業化、場景化、整體化落實的能力，更多的只是銷售自己的演算法。

究其原因，一方面市場對人工智慧寄予過高的期望，而實際的產品體驗卻往往欠佳，人們對人工智慧能力、易用性、可靠性、體驗等方面的要求都給當前的人工智慧技術帶來了更多挑戰。

其一，是由於部分人工智慧企業及媒體傳播的誇大，導致了人工智慧仍然青澀的能力在某些領域存在被誇大的情況。其二，是當前的人工智慧高度依賴資料，但資料累積、共用和應用的生態仍然比較初級，這直接阻礙著人工智慧部分應用的實現。其三，人工智慧作為一種新的技術，在市場的應用無疑需要長期與實體世界和商業社會進行磨合，避免意外的情況發生。

人工智慧掀起的技術革命成為不爭的事實，但對於人工智慧的發展仍然需要合理的期待，否則將面臨造成巨大泡沫化的可能。

顯然，商業化需要企業利用人工智慧技術來解決實際的問題，並透過市場進行規模化變現，關係到人工智慧的技術能力、易用性、可用性、成本、可複製性以及所產生的客戶價值，至今商業化、產業化的速度、範圍和滲透率仍然存在一定的「實驗室和商業社會的鴻溝」。

這意味著，人工智慧仍需要從早期普遍強調技術優勢，過渡到更加注重產品化、更加融合生態、更加解決實際問題的商業化發展階段。

此外，更多人工智慧企業還需要找到合適的應用場景以便人工智慧從實驗室走向產業化、商業化，比如用於民生領域的醫療 AI 投資受到持續關注。不過現有的科技業智慧醫療的佈局與應用已有雛形，IBM Watson 已應用於臨床診斷和治療，在 2016 年就進入中國在多家醫院推廣；阿里健康重點打造醫學影像智慧診斷平台；騰訊在 17 年 8 月推出騰訊覓影，可輔助醫生對食管癌進行篩查。

由於人工智慧需要大量共用資料，而醫院和患者的資料卻存在「孤島」障礙，打破各方壁壘的同時，保障資料安全性又成為現實困境，這同時阻礙著人工智慧在醫療領域的真正爆發。

直面轉型困境

客觀地認識人工智慧產業的發展現狀，是為了更好地發揮人工智慧技術的賦能作用，數位經濟盛行下，人工智慧技術已經成為越來越多企業的創新動力和源泉，人工智慧在企業的應用也已經達成了初步共識，但是具體應用在何處，怎樣來實施人工智慧的應用，才是當前要回應的人工智慧發展問題的關鍵。

人工智慧並不僅僅是短期熱點，更具有長遠價值，是技術趨勢，亦是基礎設施，在人工智慧的加持下，企業有望帶來效率的提升，但效率的提升並無法形成企業獨特的競爭力。換言之，人工智慧市場發展存在的難題在內部資源與外部環境的匹配。

人工智慧技術的應用是數位經濟商業模式的發展的必然結果，回顧人工智慧發展歷程，近年來資料智慧驅動的數位經濟商業模式的崛

起，使得搜尋推薦、人臉辨識和語音辨識等人工智慧演算法，才能
夠滿足業務量快速增長的目標。

如果一個企業的業務形態是靠資料和演算法對外提供服務，這意味
著其一定程度比例上需要應用人工智慧技術，發展出自己獨特競爭
優勢的人工智慧應用，帶來更好的用戶體驗和商業上的成功。

人工智慧產業想要進一步發展，就離不開人工智慧技術，作為國家
未來的發展方向，AI 技術對於經濟發展、產業轉型和科技進步起
著至關重要的作用，AI 技術的研發，落實與推廣離不開各領域頂級
人才的通力協作，在推動 AI 產業從興起進入快速發展的歷程中，
AI 頂級人才的領軍作用尤為重要，他們是推動人工智慧發展的關鍵
因素。

然而中國人工智慧領域人才發展極為欠缺，一方面中國 AI 產業的主
要從業人員集中在應用層，基礎層和技術層人才儲備薄弱，尤其是
處理器／晶片和 AI 技術平台上，嚴重削弱中國在國際上競爭力。

另一方面，人工智慧人才供求嚴重失衡，人才缺口很難在短期內得
到有效填補。過去三年中，中國期望在 AI 領域工作的求職者正以每
年翻倍的速度迅猛增長，特別是偏基礎層面的 AI 職位，如演算法工
程師，供應增幅達到 150% 以上。儘管增長如此高速，仍然很難滿
足市場需求，因為合格 AI 人才培養所需時間和成本遠高於一般 IT
人才，人才缺口很難在短期內得到有效填補。

人工智慧市場發展存在的困境不可忽視，從某個角度來說，更是困
於資本、困於服務，近年來資本説明 AI 市場加速行業發展，放大

AI 場域效應，讓產業的智慧化發展從 AI 中獲得了益處，資本的力量使得技術變現成為財富密碼，加劇了 AI 市場中各領域分工佈局的涇渭分明。

隨著隱私與資料安全的立法並得到廣大民眾重視，人工智慧開始回歸本質，回歸成為一種先進的生產力，生產力服務的生產關係也從炙手可熱逐步趨於理性，直至逐漸降溫。

在這個過程中，網路公司扮演了重要作用，網路公司是數位經濟的創新者、實踐者，透過網路及移動網路，網路公司在生產經營活動中創造並累積了大量資料。

這些資料來自於使用者的真實需求、回饋以及行為，在安全合規的基礎上，網路公司不僅充分利用資料的價值，讓整個商業社會都開始重視資料的價值，啟動了各個產業的資料意識，推動數位經濟的滲透與發展，在一定程度上完成了第三次人工智慧的大數據資源的累積。

但隨著整個社會的數位化轉型，如何將人工智慧的賦能效應向社會的各個方向延伸則是不可回避的現實問題。

顯然當人工智慧回歸技術本質，不僅要在市場角度對其有合理的期待，大興人才彌合人才供需的失衡，還要在產業方向真正創造一個從資料累積、技術溢出、演算法創新，到不同產業搭建連接人工智慧的網路。進而滿足更多高頻率、剛需、可複製性強的需求場景，讓 AI 普惠的回報機制有更多收入確認機制，讓第三次人工智慧浪潮真正落實。

7.3 ▸ 全球商業巨頭入局與佈局

2020 年 1 月 10 日，中國科學院大數據採擷與知識管理重點實驗室發佈了《2019 年人工智慧發展白皮書》，白皮書重點分析了人工智慧各個細分領域的關鍵技術和產業應用，白皮書指出電腦視覺技術、自然語言處理技術、跨媒體分析推理技術、智適應學習技術等八大技術是目前人工智慧領域的關鍵技術，安防、金融、零售、交通、教育等產業中蘊含著人工智慧的典型應用場景，肯定了人工智慧開放創新平台對於全行業的重要推動價值，並推出全球人工智慧企業 TOP20 榜單。

1	Microsoft（微軟）	電腦視覺技術、自然語言處理技術	辦公	美國	1975 年	上市	市值 1.21 萬億美元
2	Google	電腦視覺技術、自然語言處理技術	綜合	美國	1998 年	上市	市值 9324 億美元
3	Facebook（臉書）	人臉辨識、深度學習	社交	美國	2004 年	上市	市值 5934 億美元
4	百度	電腦視覺技術、自然語言處理技術	綜合	中國	2001 年	上市	市值 438 億美元
5	大疆創新	圖像辨識技術、智慧引擎技術	無人機	中國	2006 年	戰略融資	估值 210 億美元
6	商湯科技	電腦視覺技術、深度學習	安防	中國	2014 年	D 輪募資	估值 70 億美元
7	曠世科技	電腦視覺技術	安防	中國	2011 年	D 輪募資	估值 40 億美元
8	科大訊飛	智慧語音技術	綜合	中國	1999 年	上市	市值 108 億美元
9	Automation Anywhere	自然語言處理技術、非結構化數據認知	企業管理	美國	2003 年	B 輪募資	估值 68 億美元
10	IBM Watson	深度學習、智慧週適技術	電腦	美國	1911 年	上市	市值 1198 億美元
11	松鼠 AI	智慧學習技術、機器學習	教育	中國	2015 年	A 輪募資	估值 11 億美元
12	字節跳動	跨媒體分析推理技術、深度學習、自然語言處理、圖像辨識	資訊	中國	2012 年	Pre-IPO 輪募資	估值 750 億美元
13	Netflix	影片圖像優化、影集封面圖片個人化、影片個人化推薦	媒體及內容	美國	1997 年	上市	市值 1418 億美元

14	Graphcore	智慧晶片技術、機器學習	晶片	英國	2016 年	D 輪募資	市值 17 億美元
15	NVIDIA	智慧晶片技術	晶片	美國	1993 年	上市	市值 1450 億美元
16	Brainco	人機介面	教育、醫療、智慧硬體	美國	2015 年	天使輪募資	融資額 600 萬美元
17	Waymo	自動駕駛	交通	美國	2016 年	C 輪募資	估值 68 億美元
18	ABB Robotics	機器人及自動化技術	機器人	瑞士	1988 年	上市	市值 514 億美元
19	Fanuc	機器學習技術	製造	日本	1956 年	上市	市值 362 億美元
20	Preferred Networks	深度學習、機器學習	物聯網	日本	2016 年	C 輪募資	估值 20 億美元

微軟：人工智慧從對話開始

1198 年微軟研究院建立時，人工智慧就已經成為整個微軟的戰略目標。

「對話即平台」是微軟曾在 2016 年開發者大會上提出的重要戰略，微軟認為以對話為基礎的人機互動形式，將取代鍵盤滑鼠和顯示器，成為未來人與資訊世界的重要介面。

對話型人工智慧主要有兩大訴求：一是完成任務或提升效率，二是情感交流，微軟的對話型人工智慧正是按照這兩個方向進行佈局，任務端有智慧助手 Cortana 小娜，情感端有語音助手小冰。如今小娜已經深度融合 Windows 10，成為跨平台、高效率的個人智慧助理，小冰從 2014 年 5 月推出之後，目前已經進化至第四代，從微博上的機器人「輿論領袖」到解鎖圖像辨識系統，從進入日本、美國、印度，到成為東方衛視機器人「主播」，在 2016 年小冰就已經擁有超過 4200 萬的中國用戶。

微軟的認知計算服務也獨具特色，在微軟的智慧雲上，認知計算能力已經成為一個通用的基礎技術模組，開發者只需要採用程式介面調配，就能簡單快速地給應用程式加入智慧應用。目前這套認知服務包括視覺、語言、語音、搜尋和知識五大類共 35 項 API，還在不斷持續更新中，除了軟體和服務可以在智慧雲上端調用，微軟還計畫在雲端的基礎上把硬體虛擬化，使用者可以直接透過雲端獲取計算能力，一定程度上減輕硬體壓力。

2016 年 9 月微軟把「技術與研發部門」和「人工智慧（AI）研究部門」合併，組建了新的「微軟人工智慧與研究事業部」，作為微軟戰略級核心部門之一，除了促進人工智慧與微軟自身產品：搜尋、Windows、Office、小冰小娜等做深度結合，還肩負著智慧雲端推進 AI 普及化，以及打造 AI 通用平台和系統的任務。

此外微軟人工智慧還協助各行各業，以實現智慧提升和數位化轉型，進入網路時代以來，傳統製造業面臨著前所未有的挑戰和機遇，Microsoft Dynamics 365 是微軟新一代雲端智慧商業應用，透過對 CRM & ERP 的完美整合，助力企業成長及數位化轉型。

零售業發展是空前的，從傳統廣義的實體門店到線上商店、雲端供應鏈等新零售的轉變，本質上改變了零售業的意識形態，微軟智慧零售解決方案幫助企業建立從雲端平台、雲端供應鏈再到客戶服務系統進行完善，實現線上整合線下的新零售形態。

教育方面微軟小英是微軟亞洲研究院開發的免費英語學習工具，將英語學習與人工智慧相結合，囊括口語、聽力、單詞、中英翻譯等多個項目。近期微軟小英還推出了兩個新產品——微軟愛寫作和微

軟小螺號，微軟愛寫作是一款幫助中國學習者提高英語書面表達能力，提供寫作練習的工具平台。微軟小螺號是一項兒童英語啟蒙解決方案，旨在利用 AI 技術協助每個家庭成員，助力中國孩子在家庭場景中開啟英語啟蒙。

❖ Google：當之無愧的 AI 巨頭

Google 比全球任何一家公司都擁有更多的計算能力、資料和人才來追求人工智慧，也理所當然成為了全球人工智慧巨頭。

Google 運營的產品比世界上任何一家科技公司都多，擁有超過 10 億 用 戶：Android、Chrome、Drive、Gmail、Google 應 用 商 店、地圖、照片、搜尋和 YouTube。只要有網路連接，就有使用者依賴 Google 的產品和功能。

Google 的人工智慧發展離不開幾個研究型的人工智慧部門，包括 Google 大腦和 2014 年收購而來的 DeepMind，從技術的角度來看，2020 年 Google 在機器學習（ML）演算法領域，特別是無監督學習領域取得了一定的發展。那時 Google 開發了名為 SimCLR 的自監督和半監督學習技術，可以實現最大化同一圖像同時在不同視圖之間變換的一致性，和最小化不同圖像之間變換的一致性。

在 AutoML 上，Google 開始嘗試從 AutoML-Zero 的學習代碼運算中採取一種由原始運算（加減法、變數賦值和矩陣乘法）組成的搜尋空間，用來從頭開始演繹現代的機器學習演算法。在機器感知領域，也就是機器如何感知、理解我們周圍世界的多模態資訊上，

Google 也取得眾多成果，包括 CvxNet、3D 形狀的深層隱式函數、神經體素渲染和 CoreNet 等演算法模型的推出，在實體場景分割、三維人體形狀建模、圖像視訊壓縮等場景的實際應用。

透過機器學習演算法的改進，Google 在行動裝置上的體驗得到大幅改善，在設備上運行複雜的 NLP 技術，實現更加自然的對話功能，透過 transformer 這一人工神經網路模型，2020 年 Google 設計一個對話機器人 Meena，幾乎可以實現任何挑戰的自然對話。還有像利用雙工技術給企業打電話，確認疫情下是否臨時關閉之類的事情，實現在全球範圍內對商業資訊進行 300 萬次更新，在地圖和搜尋上資訊顯示次數超過 200 億次。

透過機器翻譯和語音辨識技術的升級，Google 還使用了文字轉語音技術，透過支援 42 種語言的 Google Assistant，可以大聲朗讀來方便地瀏覽網頁。藉助多語言傳輸、多工學習等多種技術，Google 在 100 多種語言的翻譯品質上評價提高 5 個 BLEU 點，能夠更好地利用單語言資料來改進少部分種族語言，為那些少數族裔的人們提供翻譯。

Google 人工智慧的影響力遠遠超出了該公司的產品範圍，外部開發人員現在使用 Google 人工智慧工具做各種事情，從訓練智慧衛星到監測地球表面的變化，再到根除 Twitter 上的語言攻擊。現在有數百萬台設備在使用 Google 的人工智慧，這僅僅是個開始，Google 即將實現所謂的量子霸權，這種新型電腦將能夠以比普通電腦快一百萬倍的速度進行複雜運算，將把人類帶進入計算的火箭時代。

2020 年 Google 對新的量子演算法進行了驗證，在 Sycamore 處理器上執行了精準校準，顯示量子機器學習的優勢或測試量子增強優化；透過 QSIM 模擬工具，在 Google Cloud 上開發和測試了多達 40 個量子比特的量子演算法，接下來 Google 將按照技術路線圖，建立通用的糾錯量子電腦，證明量子糾錯可以在實踐中發揮實際作用。

百度：走向人工智慧產業化

百度的人工智慧佈局從搭建平台開始，創造出開放的生態，形成計算能力、場景應用和演算法的正迴圈。

百度 AI 在場景落實應用最廣的則是百度 Apollo 平台，覆蓋智慧信控、智慧交通、自動駕駛、智慧停車、智慧貨運、智慧車聯等領域，百度 Apollo 作為全球首個自動駕駛開源平台和生態，已先後開放了七個版本的能力，彙聚了 177 家生態合作夥伴，透過開源開放全球 97 個國家超過 3.6 萬名開發者正在使用 Apollo 原始程式碼。

截至 2020 年 3 月在智慧交通的賽道，百度 Apollo 陸續跟長沙、保定、滄州、雄安、重慶、合肥、陽泉等城市合作，簽下車路協同規劃建設專案相關的諸多訂單，幫助當地完成智慧交通、智慧城市建設，引領中國智慧交通建設。

中科院的《2019 年人工智慧發展白皮書》表示，作為國家新一代人工智慧開放創新平台，百度近年來已建立完整的產業生態，成為中國目前唯一具備自動駕駛及車路合作達到全區研發能力的企業。

百度 Apollo 的限定場域自動駕駛、開放場景自動駕駛，以及車路協同智慧交通等解決方案，藉由自然語言處理、電腦視覺、機器學習等 AI 技術，將有效改善交通出行的痛點問題。

在輸入法領域，在 AI 技術的賦能下百度輸入法實現了市場份額與活躍用戶量躍居行業第一。百度輸入法的語音輸入能力持續突破，成為業內首個日均語音請求量破 10 億次大關的輸入法產品，實現了 98.6% 的語音辨識準確率、離線中英自由說新功能、方言自由說升級等功能或技術突破。目前已成為語音輸入滲透率最高的協力廠商手機輸入法；語音輸入與手寫輸入等 AI 功能取得重大行業突破，用戶認可程度高，手寫辨識準確率提升至 96% 居行業首位、AI 滑行輸入精準率超越行業最高水準 15%。

對於百度產品「小度」來說，2020 年則是依靠領先智慧化技術持續「破圈的一年」。截至 2020 年 9 月，小度助手技能商店提供 4300 個技能，開發者數量也已達到 45000 人，使用場域也從家庭、酒店、汽車拓展到移動場景。硬體方面，國際權威調研機構 Canalys 資料顯示，2020 年上半年小度智慧音箱全品類出貨量位居中國第一；前三季度，小度智慧螢幕出貨量穩居全球第一，618 和雙十一期間，小度均斬獲全平台智能音箱品類銷售額冠軍，全平台智慧螢幕品類銷量 & 銷售額雙冠王。

在智慧城市領域，百度智慧城市解決方案以自主創新的基礎設施為底座，包括城市的感知中台、AI 中台、資料中台、知識中台以及城市智慧互動中台，幫助城市提升智慧化的水準，應用於公共安全、應急管理、智慧交通、城市管理、智慧教育等場景，目前這一解決

方案在北京海澱、重慶、成都、蘇州、寧波、麗江等 10+ 省市落實應用。

在數位金融領域，百度智慧雲已經服務了近 200 家金融客戶，其中包括國有 6 大銀行、9 大股份制銀行、21 家保險機構，涉及行銷、風控等十幾個金融場景，建立了超過 30 家的合作夥伴生態，躋身中國金融雲端解決方案領域第一陣營。

在工業網路領域，百度工業網路協助企業及上下游產業實現數位化、網路化、智慧化，百度智慧雲提供的智慧製造解決方案，覆蓋 14 大行業、100 多家企業、30 多個合作夥伴、觸及達 50 多種垂直場景，在 3C、汽車、鋼鐵、能源等行業已規模落實。

在智慧辦公領域，2020 年 5 月百度宣佈依託「AI 中台」和「知識中台」，發佈「智慧辦公」的企業智慧應用「如流」，建立 AI 時代辦公流水線，打造新一代人工智慧辦公平台。百度如流已經全面升級為新一代智慧工作平台，用 AI 協助企業實現智慧化轉型，實現對企業工作模式的全方位、智慧化的支撐，從個人到組織，從業務到運營的全場景服務。

商湯：建立「城市視覺中樞」

商湯科技在榜單中，以電腦視覺技術、深度學習技術和 70 億美元的估值，位列第六。

具體來看，商湯的人工智慧技術應用覆蓋面較廣，不僅限於傳統的安防領域，更聚焦於整個智慧城市板塊，如城市管理、智慧政務、

交通、機場、校園、社區等，商湯的智慧視覺人工智慧開放創新平台，被國家確定為新一代人工智慧開放創新平台。

商湯科技的人工智慧技術主張為城市建立「城市視覺中樞」，透過打通從資料獲取標注、模型訓練部署、業務系統上線的整個鏈路，建立多樣化場景需求與模型高效生產的閉環。同時賦予客戶本地模型生產能力，自主滿足長尾需求開發，最終讓 AI 演算法的場域化、規模化及自動化生產成為可能。

以「城市視覺中樞」為基礎，商湯推出了「AI City 端邊雲一體化方案」，整合端邊雲智慧全技術庫創新，提供商湯智慧城市 AI 生態系統的中樞能力，支撐智慧城市全場景的業務創新，應用於城市街區、公園、校園、社區、辦公室、銀行、機場、地鐵等影響人們生活的應用場域。

此外商湯還建立了開放生態，與合作夥伴共築城市智慧應用生態，透過聯結上下游合作夥伴，滲透城市場景，為城市管理者、參與者提供更加完善、靈活、適合的整體解決方案，開發各類應用與服務，打通城市公共服務、城市產業服務、城市惠民服務三大智慧應用體系，覆蓋更多城市場景，目前，商湯所參與的智慧城市級專案已經覆蓋了全國 30 多個省市自治區。

在單個系統影片使用量方面，商湯有幾款系統全國排名名列前茅，這對演算法精度、演算法多樣性，以及系統的併發可用性都是巨大考驗，「城市視覺中樞」在北上廣深一線城市都有專案落實，實現了單個系統使用量超過 10 萬路規模。

目前商湯與專業的服務團隊，在中國建立了 6 大服務中心，逐漸強化服務能力，同時還建立創新實驗和測評認證等團隊，對資料、產品、技術進行持續反覆運算，將核心能力和智慧應用不斷優化、不斷外延，真正推動城市的可持續發展。

科大訊飛：人工智慧佈局安防

在人工智慧領域，科大訊飛已經有多年的研究根基，在人工智慧核心技術層面實現了多項源頭技術創新，多次在機器翻譯、自然語言理解、圖像辨識、圖文辨識、知識圖譜、機器推理等各項國際評測中取得佳績。科大訊飛積極將其人工智慧核心技術與安防行業結合，在市場上發揮了較大的勢能。

從智慧語音技術的應用來看，科大訊飛的智慧語音技術在語音指揮調度、語音資訊發佈、警情語音分析等方面落實應用，打造了扁平化指揮調度模式。一方面實現了語音調取設備、警力資源、語音派警、語音回饋的警情流程；另一方面實現了一鍵指揮、統一調度，第一時間下發警情及調度指令、即時追蹤、及時閉環，不僅有效提高了指揮調度效率、警情處置效率、勤務管理效能，還進行了有效的執法監督。

科大訊飛擁有核心能力平台，包括大數據平台、雲端計算平台、AI平台等，為雪亮工程、智慧交通等工程的智慧解析中心提供有效協助，使資源利用更節約、計算速度更高效、解析能力更豐富。科大訊飛同時擁有如圖像辨識、影片結構化等演算法，可將前端資料進

行有效的分析，並將特徵值進行連結、碰撞等，可實現事件檢測、車輛比對等應用，並為布控提供有效的資料依據。

其三，科大訊飛擁有成熟的軟體、硬體系統，如智慧交管、鳴笛抓拍等，已在多個場景中進行使用，「智慧交管」是運用人工智慧和大數據等技術，改進提升警察在交通管理、城市治理、公眾服務方面綜合實戰水準的智慧化應用平台，目前已在合肥市、銅陵市、太和縣等地區展開應用，成效顯著。鳴笛抓拍則利用深度神經網路的干擾聲消除技術、高精準度同步多聲源定位等核心技術，能夠適應嘈雜工況、保持精準定位，主要應用於學校、政府等禁止鳴笛位置。

科大訊飛還擁有多維度安全防範技術中台，可為前端的整合商提供AI中台服務，如安全帽是否佩戴辨識、違禁闖入辨識、火災辨識、煙霧辨識、應急值班值守、應急知識庫等，並可在多個場景中實現應用。

在應急事件的處置過程中實現案情資訊填寫的智慧填報，在指揮人員使用業務值守報告系統進行上下級聯絡，系統可自動將通話雙方的語音即時轉成文字，並透過自然語言理解、關鍵要素抓取等技術，實現對專報、快報、續報等案情資訊報告的智慧化填報。

科大訊飛積極佈局安防，參與了諸多安防專案的建設，如淮北雪亮工程專案、臨泉影片平台專案等。

MEMO

大國博弈，競合與治理

8.1 ▸▸ 人工智慧全球佈局

人工智慧引領第四次工業革命成為既定的事實，全球人工智慧產業進入加速發展階，美國、中國、歐盟、英國、德國、日本、法國等紛紛從戰略上佈局人工智慧，加強頂層設計，成立專門機構統籌推進人工智慧戰略實施、重大科技研發專案，鼓勵成立相關基金，引導私營企業資金資源投入人工智慧領域。

從全球人工智慧國家戰略規劃發佈態勢來看，北美、東亞、西歐地區成為人工智慧最為活躍的地區。美國等發達國家具備人工智慧基礎理論、技術累積、人才儲備、產業基礎方面先發優勢，率先佈局。美國、歐盟、英國、日本等經濟體早就開始加大在機器人、腦科學等前沿領域的投入，相繼發佈國家機器人計畫、人腦計畫、自動駕駛等自主系統研發計畫等。為確保其領先地位，美國於 2016 年發佈國家人工智慧研發戰略計畫，日本、加拿大、阿聯酋緊跟其後，於 2017 年將人工智慧上升至國家戰略。歐盟、法國、英國、德國、韓國、越南等於 2018 年相繼發佈了人工智慧戰略，丹麥、西班牙等於 2019 年發佈人工智慧戰略。

各國正以戰略引領人工智慧創新發展，從自發、分散性的自由探索為主的科研模式，逐步發展成國家戰略推動和牽引、以產業化及應用為主題的創新模式。

美國：確保全球人工智慧領先地位

美國是人工智慧大國，在全球人工智慧領域率先佈局，近年來美國更是推出了一系列政策、法案、促進措施。藉助大量基礎創新成果，美國在腦科學、量子計算、通用 AI 等方面超前佈局，同時充分依附矽谷強大優勢，由企業主導建立完整的人工智慧產業鏈和生態圈，在人工智慧晶片、開源框架平台、作業系統等基礎軟硬體領域實現全球領先。

在歐巴馬執政時期，美國政府就積極推動人工智慧的發展，支援 AI 基礎與長期發展，2016 年下半年，美國政府發佈了三份具有全球影響力的報告：《為未來人工智慧做好準備》《國家人工智慧研發戰略規劃》《人工智慧、自動化與經濟報告》，三份報告分別針對美國聯邦政府及相關機構人工智慧發展、美國人工智慧研發以及人工智慧對經濟方面的影響等提出了相關建議。

2019 年 2 月川普簽署行政令，啟動美國人工智慧倡議，從國家層面調動更多聯邦資金和資源，投入人工智慧研究，重點推進研發、資源開放、政策制定、人才培養和國際合作五個領域。美國 2019 年更新《國家人工智慧研發戰略計畫》確定了優先發展的基礎研究、人機協作、倫理法律和社會影響、安全、公共資料和環境、標準、人力資源、公私合作等八大戰略方向，強化政策制定和投資指引，加大國防科技長期投資，並在新版研發戰略中強調了公私合作的重要性。

在倫理道德方面，美國將理解並解決人工智慧的倫理、法律和社會影響作為《國家人工智慧研發戰略規劃》八大戰略之一，要求將表示如何「編碼」人類價值和信仰體系作為重要課題研究，建立符合倫理的人工智慧，制定可接受的道德參考框架，實現符合道德、法律和社會目標的人工智慧系統的整體設計。

2018 年，美國成立了人工智慧國家安全委員會，負責考察人工智慧在國家安全和國防中的倫理道德問題，同時美國已將人工智慧倫理規範教育引入人才培養體系，在 2018 年新學期，哈佛、康乃爾、麻省理工學院、史丹佛大學等諸多美國高校開設跨學科、跨領域的人工智慧倫理課程。

2019 年 2 月，美國總統川普發佈了《維持美國人工智慧領導地位》行政令，重點關注倫理問題，要求美國必須培養公眾對人工智慧技術的信任和信心，並在應用中保護公民自由、隱私和美國價值觀，充分挖掘人工智慧技術的潛能。

2019 年 6 月，美國國家科學技術理事會發佈《國家人工智慧研究與發展戰略計畫》以落實上述行政令，提出人工智慧系統必須是值得信賴的，應當透過設計提高公平、透明度和問責制等舉措，設計符合倫理道德的人工智慧體系。

2019 年 8 月，美國國家標準與技術研究院（NIST）發佈了關於人工智慧技術和道德標準指導意見，要求標準應足夠靈活、嚴格，並把握出場時機，確立改進公平性、透明度和設計責任機制，設計符合倫理的人工智慧架構，實現符合道德、法律和社會目標的人工智慧系統的整體設計。

2019 年 10 月，美國國防創新委員會推出《人工智慧原則：國防部人工智慧應用倫理的若干建議》，對美國國防部在戰鬥和非戰鬥場景中設計、開發和應用人工智慧技術，提出了「負責、公平、可追蹤、可靠、可控」五大原則。

就業方面，在美國政府重視人工智慧對就業帶來的影響，2017 年美國眾議院發佈《人工智慧創新團隊法案》，2018 年發佈《人工智慧就業法案》，提出美國應營造終身學習和技能培訓環境，以應對人工智慧對就業帶來的挑戰。

行業發展上，美國眾議院於 2017 年通過了《自動駕駛法案》、美國交通部於 2018 年發佈《準備迎接未來交通：自動駕駛汽車 3.0》、美國衛生與公眾服務部發佈《資料共用宣言》等，規範和管理自動駕駛汽車設計、生產、測試等環節，確保用戶隱私與安全。

中國：從國家戰略到納入新基建

人工智慧是中國深化供給側改革、推進數位經濟發展的重要技術，發展人工智慧是中國黨中央、國務院準確把握新一輪科技革命和產業變革發展大勢。為搶抓人工智慧發展的重大戰略機遇，建立中國人工智慧發展的先發優勢，加快建設創新型國家和世界科技強國，國家重視引導人工智慧健康發展，相關部門重視推動人工智慧健康發展。

在中國，政府正透過多種形式支援人工智慧的發展，中國形成了科學技術部、國家發改委、中央網信辦、工信部、中國工程院等多個

部門參與的人工智慧聯合推進機制。從 2015 年開始，中國政府先後發佈多則支持人工智慧發展的政策，為人工智慧技術發展和落實提供大量的專案發展基金，並對人工智慧人才的引入和企業創新提供支援，這些政策給行業發展提供堅實的政策導向的同時，也給資本市場和行業利益相關者發出積極訊號。

2015 年 -2016 年的政策制定是人工智慧初期政策階段，主要集中在體系設計、技術研發和標準制定等方面，以儘快為後續發展奠定基本的框架和技術基礎。

2015 年 7 月，國務院出臺《關於積極推進「網路 +」行動的指導意見》將人工智慧納入發展的重點任務之一，意謂著專門人工智慧制定產業政策的時期正式開啟。

2016 年 5 月，發改委印發《「網路 +」人工智慧三年行動實施方案》，提出打造人工智慧基礎資源與創新平台，建立人工智慧產業體系、創新服務體系和標準化體系，突破基礎核心技術，在重點領域培育若干全球領先的人工智慧骨幹企業等任務。

2016 年 8 月，國務院發佈《「十三五」國家科技創新規劃》，明確把人工智慧作為體現國家戰略意圖的重大科技專案。

2017 年 3 月「人工智慧」首次被寫入全國政府工作報告。

同年 7 月國務院發佈《新一代人工智慧發展規劃》，人工智慧全面上升為國家戰略。《新一代人工智慧發展規劃》是中國在人工智慧領域進行的第一個系統部署檔，具體對 2030 年中國新人工智

慧發展的總體思路、戰略目標和任務、保障措施進行系統的規劃和部署。政策根據中國人工智慧市場目前的發展現狀分別對基礎層、技術層和應用層的發展提出了要求，並且確立中國人工智慧在 2020、2025 以及 2030 年的「三步走」發展目標：

到 2020 年人工智慧技術和應用與世界先進水準同步，人工智慧產業成為新的重要經濟增長點，人工智慧核心產業規模超過 1500 億元，帶動相關產業規模超過 1 萬億元；到 2025 年人工智慧基礎理論實現重大突破，部分技術與應用達到世界領先水準，人工智慧成為帶動中國產業升吸和經濟轉型的主要動力，核心產業規模超過 4000 億元，帶動相關產業規模超過 5 萬億元；到 2030 年人工智慧理論、技術與應用總體達到世界領先水準，成為世界主要人工智慧創新中心，核心產業規模超過 1 萬億元，帶動相關產業規模超過 10 萬億元。

10 月人工智慧被寫入共產黨的十九大報告，「推動網路、大數據、人工智慧和實體經濟深度融合」。

12 月工業和資訊化部印發了《促進新一代人工智慧產業發展三年行動計畫（2018-2020 年）》，從推動產業發展角度出發，以三年為期限明確了多項任務的具體指標，對《新一代人工智慧發展規劃》相關任務進行了細化和落實，以資訊技術與製造技術深度融合為主線，推動新一代人工智慧技術的產業化與整合應用。同時大力鼓勵和支援傳統產業向智慧化升級，陸續推出《智慧製造發展規劃（2016-2020）》、《產業結構調整指導目錄（2019 年）》等重要規劃，為產業升級提供了有力的政策保障。

2018 年 1 月《人工智慧標準化白皮書（2018 版）》正式發佈，標準化工作進入全面統籌規劃和協調管理階段，3 月人工智慧再度被列入政府工作報告，著重強調「產業級的人工智慧應用」，在醫療、養老、教育、文化、體育等多領域推進「網路 +」，發展智慧產業，拓展智慧生活。

5 月習近平總書記在兩院院士大會強調：「新一輪科技革命和產業變化正在重建全球創新版圖、重塑全球經濟結構，科學技術從來沒有像今天這樣深刻影響著國家前途命運，從來沒有像今天這樣深刻影響著人們生活福祉」，「現在我們迎來了世界新一輪科技革命和產業變革，以及中國轉變發展方式的歷史性交匯期，既面臨著千載難逢的歷史機遇，又面臨著差距拉大的嚴峻挑戰。」

10 月習近平總書記就人工智慧專題組織，中共中央政治局第九次集體學習，提出了主攻關鍵核心技術，圍繞建設現代化經濟體系，在品質變革、效率變革、動力變革中發揮人工智慧作用，加強人工智慧同保障和改善民生的結合，創造更加智慧的工作方式和生活方式等任務。

11 月工信部辦公廳印發《新一代人工智慧產業創新重點任務揭榜工作方案》，旨在聚焦「培育智慧產品、突破核心基礎、深化發展智慧製造、建立支撐體系」等重點方向，徵集並遴選一批掌握關鍵核心技術、具備較強創新能力的單位集中開發。

2019 年人工智慧第 3 年出現在政府工作報告中，報告提出將人工智慧升級為智慧 +，要推動傳統產業改造提升，特別是要打造工業

網路平台，拓展「智慧＋」，為製造業轉型升級賦能，要促進新興產業加快發展，深化大數據、人工智慧等研發應用壯大數位經濟。

3 月中央全面深化改革委員會第七次會議中，審議通過了《關於促進人工智慧和實體經濟深度融合的指導意見》，強調把握新一代人工智慧發展特點，結合不同行業區域特點，探索創新成果轉化的路徑，建立資料驅動、人機協作、跨界融合、共創分享的智慧經濟形態。

8 月科技部《國家新一代人工智慧創新發展試驗區建設工作指引》提出，到 2023 年，佈局建設 20 個左右試驗區，創新一批切實有效的政策工具，形成一批人工智慧與經濟社會發展深度融合的典型模式，累積一批可複製可推廣的經驗做法，打造一批具有重大引領帶動作用的人工智慧創新高地。北京、上海、天津、深圳、杭州、合肥、德清縣、濟南、西安、成都、重慶等地相繼獲批建設國家新一代人工智慧創新發展試驗區。

2020 年初的新冠肺炎疫情，加速了國家進一步展開人工智慧等新型基礎設施建設的進度，如今人工智慧已被納入新型基礎設施建設，成為「新基建」七大方向之一，以及資訊化領域的通用基礎技術，提供基礎智慧能力的一系列晶片、設備、演算法、軟體框架、平台等的統稱。顯然推動「人工智慧新基建」有助於加速傳統產業智慧化升級，反過來也將促使人工智慧技術的升級進化。

長期來看，人工智慧作為新技術基礎設施，被視為協助傳統基礎設施轉型升級的融合創新工具。新基建將加速中國產業鏈完成數位化

轉型和智慧化升級，實現產業要素的高效配置，助力國家經濟發展新舊動能轉換。

人工智慧是技術趨勢，亦是基礎設施，在政策持續鼓勵下，人工智慧行業景氣還將持續走高，這也為中國為了進一步加快推進人工智慧應用。

🖱 歐盟：確保歐洲人工智慧的全球競爭力

為了推進歐洲共同發展人工智慧，歐盟積極推動整個歐盟層面的人工智慧合作計畫，2018 年 4-7 月，歐盟 28 個成員國共同簽署《人工智慧合作宣言》，承諾在人工智慧領域形成合力，與歐盟委員會展開戰略對話。2018 年底歐盟發佈《關於歐洲人工智慧開發與使用的協同計畫》，提出採取聯合行動，以促進歐盟成員國、挪威和瑞士在以下四個關鍵領域的合作：增加投資、提供更多資料、培養人才和確保信任。2019 年 1 月，啟動 AIFOREU 專案，建立人工智慧需求平台、開放協作平台，整合彙聚 21 個成員國 79 家研發機構、中小企業和大型企業的資料、計算、演算法和工具等人工智慧資源，提供統一開放服務。

歐盟為確保歐洲人工智慧的全球競爭力，發佈《歐盟人工智慧戰略》並簽署合作宣言、發佈協同計畫、聯合佈局研發應用，確保以人為本的人工智慧發展路徑，打造世界級人工智慧研究中心，在類腦科學、智慧社會、倫理道德等領域展開全球領先研究。

此外歐盟重視建立人工智慧倫理道德和法律框架，秉持以人為本的發展理念，確保人工智慧技術朝著有益於個人和社會的方向發展。

歐盟在 2018 年 4 月發佈的《歐盟人工智慧》戰略報告中將確立合適的倫理和法律框架作為三大戰略重點之一，成立了人工智慧高級小組（AIHLG）負責起草人工智慧倫理指南。

2019 年 4 月歐盟人工智慧高級小組發佈《可信人工智慧倫理指南》，提出可信的人工智慧概念。人工智慧高級小組從歐洲核心價值「在差異中聯合」出發，指出在快速變化的科技中，信任是社會、社群、經濟體以及可持續發展的基石。歐盟認為只有當一個清晰、全面的，可以用來實現信任的框架被提出時，人類和社群才可能對科技發展及其應用有信心，只有透過可信人工智慧，歐洲公民才能從人工智慧中獲得符合其基礎性價值（如尊重人權、民主和法治）的利益。

具體而言，可信人工智慧具有三個組成部分：合法性、倫理性和耐用性，包括三層框架：四大基本倫理原則、七項基礎要求的可信人工智慧評估清單，該框架從抽象的倫理道德和基本權利出發，逐步提出了具體可操作的評估準則和清單，便於企業和監管方進行對照。

歐盟在《人工智慧白皮書─通往卓越和信任的歐洲路徑》中也提出，贏得人們對數位技術的信任是技術發展的關鍵，歐盟將建立獨特的「信任生態系統」，以歐洲的價值觀、人類尊嚴及隱私保護等基本權利為基礎，確保人工智慧的發展遵守歐盟規則。

從國家層面來看，受限於文化和語言差異阻礙大數據集合的形成，歐洲各國在人工智慧產業上不具備先發優勢，但歐洲國家在全球 AI 倫理體系建設和規範的制定上搶佔了「先機」，歐盟注重探討人工智慧的社會倫理和標準，在技術監管方面佔據全球領先地位。

英國：建設世界級人工智慧創新中心

近年來英國政府頒佈多項政策的核心，積極推動產業創新發展，塑造其在 AI 倫理道德、監管治理領域的全球領導者地位，讓英國成為世界 AI 創新中心，再次引領全球科技產業發展。

為了扶持英國人工智慧產業的發展，使英國成為全球 AI 創新中心，英國政府發佈了一系列相關的戰略和行動計畫。英國政府在 2017 年發佈的《產業戰略：建設適應未來的英國》中，確立了人工智慧發展的四個優先領域：將英國建設為全球 AI 與資料創新中心；支援各行業利用 AI 和資料分析技術；在資料和人工智慧的安全等方面保持世界領先；培養公民工作技能。

2018 年 4 月在英國商業、能源和產業戰略部和數位、文化、媒體和體育部發佈的《人工智慧領域行動》中提出，在研發、技能和監管創新方面投資；支援各行業透過 AI 和資料分析技術提高生產力；以及加強英國的網路安全能力等。

為了使英國人工智慧科研實力繼續保持領先，英國政府在《人工智慧領域行動》等多個人工智慧方面的政策當中，政府應提高研發經費投入，優先支援關鍵領域的創新等措施，包括：未來 10 年，

英國政府將研發經費（包括人工智慧技術）佔 GDP 的比例提高到
24%；2021 年研發投資將達 125 億英鎊；從「產業戰略挑戰基
金」中撥款 9300 萬英鎊，用於機器人與 AI 技術研發等。目前在英
國正在湧現許多創新型人工智慧公司，英國政府也積極推出針對初
創企業的激勵政策。

人工智慧倫理方面，英國成立了資料倫理和創新中心，負責實現和
確保資料（包括人工智慧）的安全創新性應用，並合乎倫理。

英國的人工智慧與機器學習倫理研究所提出「負責任機器學習」的
八項原則，授權所有行為體（從個人到整個國家）開發人工智慧，
這些原則涉及人類控制保持、對人工智慧影響的適當補救、偏見評
估、可解釋性、透明度、可重複性、減輕人工智慧自動化對勞動
者、準確性、成本、隱私、信任和安全等問題的影響。

🖱 日本：以人工智慧建立「超智慧社會」

2016 年 1 月日本政府頒佈《第 5 期科學技術基本計畫》，提出了
超智慧社會 5.0 戰略，並將人工智慧作為實現超智慧社會 5.0 的核
心。2016 年 4 月日本首相安倍晉三提出，設定人工智慧研發目標
和產業化路線圖，以及組建人工智慧技術戰略會議的設想。

日本以建設超智慧社會 5.0 為引領，將 2017 年確定為人工智慧元
年，發佈國家戰略，全面闡述了日本人工智慧技術和產業化路線
圖，針對「製造業」、「醫療和護理行業」、「交通運輸」等領域，希
望透過人工智慧強化其在汽車、機器人等領域全球領先優勢，著力

解決本國在養老、教育和商業領域的國家難題，並設立「人工智慧技術戰略會議」從產學官相結合的戰略高度，來推進人工智慧的研發和應用。

在 2017 年政府預算中，日本政府對人工智慧技術研發給予了多方面的支援，日本企業也紛紛加入到人工智慧的相關研發與應用之中，國家發改委宏觀經濟研究院崔成認為，日本的人工智慧研發具有如下重要特徵：

一是注重頂層設計與戰略引導，將人工智慧作為日本超智慧社會 5.0 建設的核心，被外界譽為日本的「巴菲特＋蓋茲」的軟銀總裁孫正義在 2014 年底提出了用人工智慧機器人拯救日本，使日本在 2050 年產業競爭力重回世界第一的豪言；

二是強化體制機制建設。採取總務省、文部科學省、經濟產業省三方協作，以及產學官協作模式，分工合作聯合推進；

三是以人為本，全面覆蓋。其人工智慧研發不僅針對產業部門，更針對交通、醫療健康及護理等社會民生部門；

四是政府引導，市場化運作，以政府下屬研究機構牽頭展開研發活動，透過向民間企業和大學提供補貼，以及民間企業出資參與等方式共同推進。

五是立足自身優勢，突出重點，日本的產業強項在汽車、機器人、醫療等領域，其人工智慧研發也重點聚焦於這些領域，並以老齡化社會健康及護理等對人工智慧機器人的市場需求，以及超智慧社會

5.0 建設等為主要拉動力，突出以硬體帶軟體、以創新社會需求帶產業等特點，針對性強且效果明顯。

2018 年 6 月日本政府在人工智慧技術戰略會議上提出推動人工智慧普及的計畫，當前日本積極發佈國家層面的人工智慧戰略、產業化路線圖，旨在結合機械製造及機器人技術方面的強大優勢，規劃智慧社會 50 建設，立足自身優勢，確保人工智慧、物聯網、大數據三大領域聯動，機器人，汽車、醫療等三大智慧化產品引導，突出硬體帶軟體，以創新社會需求帶人工智慧產業發展。

在基礎研究及應用方面，日本總務省、文都科學省、經濟產業省三部門分工協作發展人工智慧，其中總務省主要負責腦資訊通訊、聲者辨識、創新型網路建設等內容；文部科學省主要負責基礎研究、新一代基礎技術開發及人才培養等；經濟產業省主要負責人工智慧的實用化和社會應用等。

此外日本凝聚政府、學術界和產業的力量，推動技術創新以及人工智慧產業發展，日本人工智慧技術戰略委員會作為人工智慧國家層面的綜合管理機構，負責推動總務省、文部省、經產省以及下屬研究機構間的協作，進行人工智慧技術研發，同時日本的科研機構還積極加強與全業的合作，大力推動人工智慧研發成果的產業化。

德國：打造「人工智慧德國造」

早在上世紀 70 時代中後期，德國就曾提出與人工智慧相關的政策，即推行「改善勞動條件計畫」，該計畫對部分高危險工作定下

強制性規定，要求這些危險工作必須由機器人帶人執行，此後數十年德國人工智慧行業的發展始終與機器人以及工業製造業密切相關。

2013 年漢諾威工業博覽會上，德國聯邦政府發佈「工業 4.0」戰略，該戰略以建設智慧化工廠為核心，旨在利用網際網路、人工智慧等技術提升德國工業的競爭力，在智慧製造為主導的新一輪工業革命中佔據先機。人工智慧作為「工業 4.0」戰略的關鍵技術，在德國國家戰略中的地位與日俱增，一系列與之相關的發展計畫和研究報告被相繼提出，其中較為重要的有《高科技戰略 2050》、德國研究與創新專家委員會 (EFI) 發佈的《研究與創新和技術能力年度評估報告》、德國與法國合作展開的《關於人工智慧戰略的討論》等。

德國透過「工業 4.0」及智慧製造領域的優勢，在其數位化社會和高科技戰略中明確人工智慧佈局，打造「人工智慧德國造」品牌，推動人工智慧研發和應用達到全球領先水準。

2018 年以來德國聯邦政府更加強調人工智慧研發應用的重要性，2018 年 9 月，德國聯邦政府頒佈《高科技戰略 2025》，該戰略提出的 12 項任務之一就是「推進人工智慧應用，使德國成為人工智慧領城世界領先的研究、開發和應用地點之一」。該戰略中還明確提出建立人工智慧競爭力中心、制定人工智慧戰略、組建資料倫理委員會、建立德法人工智慧中心等。2019 年 2 月，德國經濟和能源部發佈《國家工業戰略 2030》（草案），多次強調人工智慧的重要性。

憑藉雄厚的智慧製造累積，德國積極推廣人工智慧技術，2018 年 7 月、11 月德國政府接連發佈《聯邦政府人工智慧戰略要點》及《聯邦政府人工智慧戰略》檔，提出讓「人工智慧德國造」成為全球認可的品牌。

2018 年 11 月德國在《聯邦政府人工智慧戰略》中制定三大戰略目標，包括研究、技術轉化、創業、人才、標準、制度框架和國際合作在內的 12 個行動領城，旨在打造「人工智慧德國造」品牌，該戰略提出的具體措施包括：扶持初創企業；建設歐洲人工智慧創新集群，研發更貼近中小企業的新技術；增加和擴展人工智慧研究中心等。

8.2 ▸ 搶佔人工智慧高地

不確定性塑造了關係。

疫情以一種猝不及防的姿態打碎了曾經直線型的、平滑的、可預測的社會，在經濟脫鉤和地緣政治兩極分化加劇的時代裡，科技成為影響後疫情時代國際關係的重要因素。

第四次科技革命對人類生產和生活的顛覆性改變是一個不爭的事實，以人工智慧和大數據為代表的數位技術，將重新塑造醫療、教育、金融、交通、娛樂、消費、國防等領域，人工智慧則是此次科技革命最重要的技術。

當前全球人工智慧產業進入加速發展階段，各國關於人工智慧高地的競爭則使全球政治經濟的規則、關於人類未來的思考，以及全球化進程都在被重新改變和定義。

為什麼要搶佔人工智慧高地？

早在 2017 年 9 月，俄羅斯總統普京就曾公開表示「人工智慧就是全人類的未來」，「它帶來了巨大的機遇，但同時也潛藏著難以預測的威脅。誰在人工智慧領域佔了先，誰就會成為世界的統治者」。

人工智慧領域的進步對未來至關重要，從經濟角度來看，人工智慧已成為帶動經濟增長的重要引擎。

人工智慧賦能產業，將帶來各行各業的加速發展，使得經濟規模不斷擴大，一方面人工智慧驅動產業智慧化變革，在數位化、網路化基礎上，重塑生產組織方式、優化產業結構、促進傳統領域智慧化變革，引領產業向價值鏈高端邁進，全面提升經濟發展品質和效益。

人工智慧的普及將推動多行業的創新，大幅提升現有勞動生產率，開闢嶄新的經濟增長空間，據埃森哲預測，2035 年人工智慧將推動中國勞動生產率提高 27%，經濟總增加值提升 7.1 萬億美元。

從軍事角度來看，人工智慧應用在軍事領域，主要表現在武器系統、後勤保障系統、指揮決策系統，並能夠推動戰術變革和戰士改造，廣泛運用於網路戰爭中，人工智慧在軍事領域的研發和部署將大大提高所在國的軍事實力，影響國際軍事力量對比。

人工智慧可以透過與武器系統相結合，形成人工智慧武器，人工智慧武器不同於傳統武器的最大特徵是具有「智慧」或「自主性」，因此又被稱為「自主武器」或「自主武器系統」，自主武器系統則被認為是人類戰爭史上，繼火藥、核武器之後的第三次革命。

人工智慧還可以根據海量後勤保障資料，生成戰場綜合台樣本，並對各種後勤保障方案進行系統全面的分析評估，智慧選擇最佳保障方案。人工智慧用於輔助指揮決策，則可以為人工智慧情報、監測及偵查（ISR）和分析系統做出關鍵貢獻，它能較為完整地還原戰場資訊，類比雙方的兵力部署和作戰能力，完成相對精確的戰場沙盤推演。

人工智慧還可以用於武器之間與人機之間協同作戰，豐富戰術，除了傳統戰場，人工智慧用於網路戰成為現代戰爭的新型武器。2019年 IBM 就曾引入了一種新的惡意軟體，該軟體利用人工神經網路的特性，有針對性的攻擊以前擁有大量計算和情報資源的國家和組織。

從國際政治權力的獲得來看，人工智慧對各國國際政治權力的影響，主要表現在對於各國獲取大數據資源的能力和分析方面的差異，如今資料的價值愈加凸顯，掌握了資料便掌握了制勝的武器，資料愈加成為國家權力的戰略資源。

萬物相連引起了資料的大爆炸，收集這些資料並加以處理，將帶動一批新興科技企業的崛起和發展，最終影響世界經濟和軍事的發展，人工智慧在資料的挖掘和分析中無疑扮演重要角色。

隨著人工智慧的發展，對人工智慧的討論已不限於科技的角度，顯然人工智慧不是武器，不同於導彈、潛艇或坦克，而是與內燃機、電力等更為相似，是一項應用領域廣泛的通用技術，有更廣泛的應用範圍。

🖱 人工智慧梯隊顯現

人工智慧對於任何一個國家的經濟實力、軍事實力、資料分析能力等都十分重要，這關係到在新一輪國際博弈中能否取得競爭優勢，也推動著國際體系結構的變遷。

從全球人工智慧國家戰略規劃發佈態勢來看，北美、東亞、西歐地區成為人工智慧最為活躍的地區，美國等發達國家具備人工智慧基礎理論、技術累積、人才儲備、產業基礎方面先發優勢，率先佈局。

從整體發展來看，世界範圍內不同國家對於人工智慧的發展也略有側重，美國的人工智慧發展以軍事應用為先導，帶動科技產業發展，在發展上以市場和需求為導向，注重透過高技術創新引領全球經濟發展，同時注重產品標準的制定。

歐洲的人工智慧發展則注重科技研發創新環境、倫理和法律方面的規則制定，亞洲的人工智慧以產業應用需求帶動人工智慧發展，注重產業規模和局部關鍵技術的研發。

當前中美在全球人工智慧的入局與佈局具有領先地位，是全球人工智慧產業發展的第一梯隊。

從中美在人工智慧的角逐來看，美國在基礎層優勢巨大，以開源演算法平台為例，Google、Facebook、Microsoft 都推出了自己的深度學習演算法的開源平台，中國則有百度的 paddle。

在技術層的雲端平台中，美國作為雲端計算的初始玩家，佔據市場主導地位。中國的阿里、華為、騰訊等網路巨頭推出了領先的雲端服務平台。

在應用層中美網路巨頭都有屬於自己的垂直應用平台，以語音平台為例 Google Assistant、Microsoft Corlana、科大訊飛語音開放平台、百度大腦都是業內知名平台。

不確定性塑造了關係，當前人工智慧已被納入國際議程之中，國際社會正在制定新的國際規範，其尚未成形更未產生實質效力。人工智慧改變了人類對過去既定生活方式的認知，衝擊著國際競爭格局和態勢，然而全球人工智慧領域的競爭白熱化才剛剛開始。

8.3 ▸ 人工智慧時代，技術不中立

與過去的任何一個階段的技術都並不相同，工業社會時代，人對於技術的敬畏是天然和明顯的，技術被看作理性的工具。人工智慧時代重塑了人與技術的關係，技術不再僅僅是「製造」和「使用」而是一種人化的自然。

智慧時代下，資訊技術覆蓋融合著人們的生活，對於技術的理解和馴化，調整人和技術的關係成為人們新近的關切，隨著法律與科技

之間的難題不斷突現，複雜的困境和新興的挑戰迭起，過去的「技術中立」觀念受到越來越多的質疑。

科技的利好推遲了我們對技術副作用的反思，然而當行業發展的腳步放緩後，人們開始逐漸意識到這個時代的「技術不中立」，遲了那麼多年的反思還是來了。

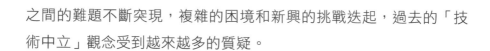 有目的的技術

不論是第一次技術革命，蒸汽機推動生產效率提高；還是第二次技術革命，電力與內燃機大規模使用使得生產效率倍增，技術的本質都與一開始人類祖先手中的石器並無二致——提升效率，拓展生活延伸應用。不同的是現代技術受到現代科學的客觀性影響，因而更具有客觀面向。

正因為現代技術被賦予科學的要素，以至於在很長一段時間裡人們都認為，這種來源於科學的技術本身並無所謂好壞的問題，其在倫理判斷層面上是中立的，技術中立的含義被分別從功能、責任和價值的角度證實。

功能中立認為技術在發揮其功能和作用的過程中，遵循了自身的功能機制和原理時，技術就實現它的使命。在網路方面，功能中立尤其體現在網路中立上，即網路的網路運營商和提供者在資料傳輸和資訊內容傳遞上一視同仁地對待網路使用者，對使用者需求保持中立，不得提供差別對待。

責任中立則把技術功能與實踐後果相分離，是技術使用者和實施者不能對技術作用於社會的負面效果承擔責任，只要他們對此沒有主觀上的故意，也就是所謂的「菜刀理論」菜刀既可以切菜，也可以殺人，但菜刀的生產者不能對有人用菜刀殺人的後果承擔責任。

但不論是技術的功能中立，還是責任中立，都指向了技術的價值中立。顯然在第三次工業革命裡，圍繞著技術的行為，從設想技術、開發技術、傳播技術、應用技術、管制技術等，沒有一個存在所謂的「中立」，人們的價值觀早已融入到我們設計和建造的一切中。

與隨機雜亂、物競天擇的進化過程不同，技術是發明者意志的產物，是為了達成某種目的而形成的。儘管技術包含著一個客觀結構，但技術同時服務於人的目的理性活動，這意味著它在誕生前就已經被概念化和謹慎思考過，每一個新的創造都是為了滿足需求、實現目的。

當市場是一片空白時，處處是藍海，無論產品品質如何，都能滿足湧進網路新用戶的消費需求，在增量市場成為過去式後，競爭變成了一場存量的爭奪。於是在消費網路的下半場，當使用者規模不再增長時，科技公司為了生存就只能從技術的角度，開發更多符合商業價值的產品。

在這個過程中，技術中立則必然受到商業偏好的影響，這就是亞伯拉罕‧卡普蘭（Abraham Kaplan）的工具法則——當人們只有一把錘子時，所有的東西看起來都像釘子，資本逐利是商業價值的根本，「中立」已無從談起。

 不中立的技術

實際上「技術不中立」並不是一個新近的概念，甚至早在 2014 年白宮發佈的《大數據：抓住機遇，保存價值》戰略白皮書就已有暗示。

白皮書強調了技術第一定律的重要性，就是「技術沒有好與不好之分，但技術也不是中立的」，其背景和大環境則是「大數據」的迅猛發展，是美國制定資料安全的風險管理作為「以資料為中心」戰略重點，是美國以資料的「武器化」確保「資訊優勢」和「決策優勢」。

在技術昭示了人們的技術目的，充斥著人們的商業取向時，走向「技術不中立」成為必然的趨勢，資料收集是人工智慧技術設計進入實踐領域的起點，人工智慧侵權在此階段便已悄然產生。

事實上人工智慧時代以 Web2.0 作為連接點溝通著現實世界與網路虛擬世界，政府和企業則利用 Web2.0 不可估量的資料蒐集功能，將網路使用者活動的任何痕跡都作為資料收集起來，未經加密的資料使得大量個人資訊和隱私猶如「裸奔」，被他人謀取私利洩漏或進行不法利用，這就是技術不中立的第一步。

隨著大數據和人工智慧迅猛發展，當前私人空間與公共空間的界限已經日益模糊，它無所不在且具體而微，以隱蔽的管道抵達用戶的身體和姿態並擴散至生活的每一個角落。人工智慧技術儼然成為了傅柯意義上的一種承載權力的知識形態，它的創新伴隨而來的是控制社會的微觀權力增長，它掌握在國家手中，也可以被企業、公司所擁有。

在技術創新發展的時代，曾經的私人資訊在資訊擁有者不知情的情況下被收集、複製、傳播和利用，這不僅使得隱私侵權現象能夠在任何時間、地點的不同關係中生產出來，還使得企業將佔據的資訊資源透過資料處理轉化成商業價值，並再一次透過人工智慧媒介反作用於使用者意志和欲求，這是技術不中立的第二步。

人工智慧時代演算法對人類的影響，幾乎滲透到了生活各領域並逐漸接管世界，諸多個人、企業、公共決策背後都有演算法的參與。與傳統機器學習不同，深度學習背後的人工智慧演算法並不遵循資料獲取輸入、特徵提取選擇、邏輯推理預測的舊模式，而是依據事物最初始特徵自動學習，並進一步生成更高級的認知結果。

這意味著，在人工智慧輸入資料與輸出答案之間，存在著人們無法洞悉的「隱層」，也就是所謂的「黑箱」，倘若人們以一個簡單的、直線的因果邏輯，或以數學上可計算的指數增加的關聯來描述這個關係時，「黑箱」則是「白」的，即「黑箱」裡的運作是可控的、輸出結果是可預料的。

一旦黑箱子不是人們所描述的情形時，箱子就是「黑」的，人們必須接受輸入並不是明確決定了輸出，反而是系統自身（即黑箱子）自己在決定自己。這一點很重要，顯然未來的技術可能比今天的技術更強大，影響更深遠，當人工智慧做出自己的道德選擇時，繼續堅持技術中立將毫無意義，這是技術不中立的第三步。

技術受科技客觀性的影響有其自身的發展模式和邏輯，這種客觀面向使其可以成為人類社會可把握可依賴的工具，但技術設計者或團

體同樣會有自己的價值導向，並根據其價值觀設計對科學意義的承諾。

科技設計者在理解科學意義時也無法擺脫社會價值的影響，這意味著，任何技術都不是簡單的從自然中獲取，是在特定歷史環境、特定文化背景、特定意識形態下，結合技術設計者的目的判斷而建構起來的。

人工智慧時代技術早已不中立，科技也已經逐漸顯示出副作用，這背後的邏輯正是社會解釋系統的發展，已經遠遠滯後於科技的發展，技術由人創造並為人服務，這也將使我們的價值觀變得更加重要。

人工智慧向善

無人駕駛領域有一個經典的「電車悖論」，「電車悖論」之所以經典就在於其涉及到的並不是簡單的演算法問題，是更重要的道德問題。原本並沒有這麼多辯論，是因為每個人有不同的道德，在車禍中人們不得已要犧牲誰的時候，每個人會依賴自己的道德做決定。所以在全社會，看到的是一個多樣化的選擇結果：有的人更保護乘客，有的人更保護路人，有的人先保護老人、有的先保護小孩、婦女等等。

到了人工智慧時，就將原本分散的問題、落到每個人頭上是隨機的問題，變成了演算法下的固定問題，即人為設計的人工智慧，把道德觀念統一地固定在了一個地方，就變成了「系統性地犧牲誰」的

問題，系統性保護誰、犧牲誰的決定，又是否能被廣泛接受？這就產生了的巨大的、引發辯論的道德和社會問題。

「電車悖論」只是人工智慧時代的一個討論例子，汽車真正出事故的幾率是很小的，「電車悖論」討論背後，更深層次的便是人工智慧將要對社會產生的影響。儘管人工智慧的理論和演算法漸趨成熟，但人工智慧依舊是一個新生的領域，這也使得人工智慧對社會的影響還在形成之中，這個過程中要想充分發揮人工智慧對社會的效用，技術價值觀的建設就顯得尤為重要。

總體來說，人工智慧發展應以科技向善為方向，在不斷釋放人工智慧所帶來的技術紅利同時，也要精準防範並積極應對人工智慧可能帶來的風險，平衡人工智慧創新發展與有效治理的關係，堅持人工智慧向善，持續提升有關演算法規則、資料使用、安全保障等方面的治理能力，為人工智慧營造規範有序的發展環境。

人工智慧在為人類社會發展帶來更多便利、更高效率的同時，也會進一步模糊機器世界與人類世界的邊界，導致諸如演算法歧視、隱私保護、權利保障等風險問題，甚至會引發社會失業、威脅國家安全等嚴峻挑戰。

鑒於人工智慧帶來的風險涉及範圍廣、影響大，因此有必要從全球治理的高度，重新審視並思考如何精準防範並有效應對人工智慧所帶來的風險挑戰，以避免人工智慧對人類社會發展產生的負面影響。

韓國在《人工智慧國家戰略》中提出「防止人工智慧產生負面效應，制定人工智慧倫理體系，推進監測人工智慧信賴度、安全性等的品質管制體系建設」等引導人工智慧安全發展的要求。平衡好人工智慧創新發展與有效治理的關係是關鍵。

一方面過於嚴苛的治理方式會限制人工智慧技術的創新與進步，導致任何技術創新都步履維艱，但另一方面沒有任何監管與規制的人工智慧極易「走偏」，給人類社會帶來風險與危害，與人工智慧向善背離。

所以必須找到創新發展與有效治理之間的平衡點，堅持安全可控的治理機制，將開放創新的技術發展並重，給予技術進步與市場創新適當的試錯、調整空間，對人工智慧發展既不簡單粗暴、一刀切似地扼殺，也不任其自由氾濫，而是要充分發揮出多元主體協同共治的效能，使各方各司其職、各盡其力，把握好治理原則，守住治理底線，確保人工智慧產業創新活力與發展動力，提升公眾在使用人工智慧技術及產品時的獲得感和安全感。

8.4 ▸ 多元主體參與，全球協同共治

不論人工智慧究竟意味著風險還是機遇，亦或人工智慧在原有及新的全球問題中又扮演著何種角色，全球人工智慧治理都已經勢在必行。

早在 2017 年，美國、歐盟、以及開始脫歐程序的英國就開始強調對人工智慧的治理必不可少，美國莫寧諮詢公司（Morning Consult）的調查資料顯示，超過 67% 的受訪者明確支持對人工智慧進行治理。

世界各國對人工智慧帶來的治理挑戰持積極態度，在機器人原則與倫理標準方面，美國、日本、韓國、英國、歐盟和聯合國教科文組織等相繼推出了多項倫理原則、規範、指南和標準，除了國家政府執行治理規則，國際組織與行業聯盟，在人工智慧的全球治理上發揮著重要作用。

從國際組織到行業引導

人工智慧的發展具有跨國界、國際分工的特徵，這意味著人工智慧的治理需要國際組織加強國家間協調合作。

一方面政府間國際組織引導著人工智慧領域形成大國共識，由於各國在人工智慧技術研發的關注與投入不同，關於人工智慧治理的規則率先在已開發國家形成和擴散。政府間國際組織作為引領國際規則制定的風向標準，針對人工智慧與監管展開討論，汲取各國關於人工智慧治理的原則性宣言，將引導人工智慧邁向穩固治理並達成國際共識。

另一方面，政府間國際組織能夠推動人工智慧台理規則的全球共用，人工智慧技術在各國發展參差不齊，多數發展中國家和未開發國家還並未將人工智慧治理納入國家戰略。政府間的國際組織前瞻

性地發佈人工智慧治理規則，將推動縮短國家間數位鴻溝，促進世界各國人工智慧技術的協調、健康、共用發展。

其中聯合國秉持著國際人道主義原則，早在 2018 年提出了「對致命自主武器系統進行有意義的人類控制原則」，還提出了「凡是能夠脫離人類控制的致命自主武器系統都應被禁止」的倡議，並且在海牙建立了一個專門的研究機構（犯罪和司法研究所），主要用來研究機器人和人工智慧治理的問題。

二十國集團（G20）於 2019 年 6 月發佈《G20 人工智慧原則》，宣導以人類為中心、以負責任的態度開發人工智慧，並提出「投資於 AI 的研究與開發、為 AI 培養數位生態系統、為 AI 創造有利的政策環境、培養人的能力和為勞動力市場轉型做準備、實現可信賴 AI 的國際合作」等具體細則。

經濟合作與發展組織（OECD）2019 年 5 月發佈《關於人工智慧的政府間政策指導方針》，宣導透過促進人工智慧包容性增長，可持續發展和福祉使人民和地球受益，提出「人工智慧系統的設計應尊重法治、人權、民主價值觀和多樣性，並應包括適當的保障措施，以確保公平和公正的社會」的倫理準則。

2018 年 G7 峰會上，七國集團領導人提出了 12 項人工智慧原則：促進以人為本的人工智慧及其商業應用，繼續推動採用中性的技術倫理途徑；增加對人工智慧研發的投資，以對新技術進行公開測試，支援經濟增長；為勞動力接受教育、培訓和學習新技能提供保障；在人工智慧的開發和實施中，為代表性不足群體（包括婦女和

邊緣化群體）提供保障，並使其參與其中；就如何推進人工智慧創新促進多方相關者對話，增進信任，提高採用率；鼓勵可提升安全性和透明度的倡議；促進中小企業使用人工智慧；對勞動力進行培訓；增加對人工智慧的投資；鼓勵以改善數位安全性和制定行為準則為目的的倡議；保護開發隱私和進行資料保護；為資料自由流動提供市場環境。

聯合國教科文組織與世界科學知識與技術倫理委員會則在 2016 年 8 月發佈了《機器人倫理的報告》，宣導以人為本，努力促使「機器人尊重人類社會的倫理規範，將特定倫理準則編寫進機器人中」，並提出機器人的行為及決策過程應全程處於監管之下。

人工智慧賦能的未來全球治理不應該僅僅由少數國家或者少數超級公司來決定，在人工智慧規則、政策和法律的產生和制定過程中，應該將多方行為體廣泛納入。除了國際組織外，行業組織作為兼顧服務、溝通、自律、協調等功能的社會團體，是協調人工智慧治理、制定人工智慧產業標準的先行者和積極實踐者。

其中，行業組織包括行業協會、標準化組織、產業聯盟等機構，代表性的行業協會包括電氣與電子工程師協會（EEE）、美國電腦協會（ACM）、人工智慧促進協會（AAAI）等，標準化組織包括國際標準組織（ISO）、國際電子電機委員會（IEC）等。產業聯盟包括國際網路聯盟、中國的人工智慧產業技術創新戰略聯盟、人工智慧產業發展聯盟等，為推動行業各方落實人工智慧治理要求，行業組織較早地展開了人工智慧治理相關研究，積極制定人工智慧技術及產品標準，並持續貢獻著治理智慧。

2019 年國際電氣和電子工程師協會（IEE）就發佈了《人工智慧設計倫理準則》（正式版），透過倫理學研究和設計方法論，宣導人工智慧領域的人權、福祉、資料自主性、有效性、透明、問責、知曉濫用、能力性等價值要素。

企業在推動人工智慧治理規則和標準落實上發揮著決定性作用，是踐行治理規則和行業標準的中堅力量。企業作為人工智慧技術的主要開發者和擁有者，掌握了資金、技術、人才、市場、政策扶持等大量資源，理應承擔相關社會責任，嚴格遵守科技倫理、技術標準以及法律法規以高標準進行自我約束與監督，實現有效的行業自律自治。面對人工智慧所引發的社會擔憂與質疑，一些行業巨頭企業也開始研究人工智慧對社會經濟、倫理等問題的影響，並積極採取措施確保人工智慧可以造福人類，企業是人工智慧治理規則的踐行者，也是確保人工智慧技術向正確道路發展的重要防線。

IBM、微軟、Google、亞馬遜等和一些科研機構對 AI 的治理嘗試，同時這些高科技公司也提出倡議，確保負責任的使用 AI；確保負責任地設計 AI 系統；負責任地使用資料，並測試系統中潛在的有害偏見；減輕機器決策中存在的不公平和其他潛在危害。

國際合作助力人工智慧行穩致遠

不論是國際組織還是行業組織，全球人工智慧治理都離不開國際合作，由於國家戰略與外交政策、國內政治與國際政治之間的緊密關聯，加之治理本身的內在要求不僅指向全球現實難題，往往還關乎全球未來風險。

有鑑於此國際合作始終是未來人工智慧治理的關鍵所在，如果說人工智慧技術是科學問題，治理則更多側重於價值建立，需要共同的理解、協作與規範，需要建立起以各國政府為主導、非政府組織參與的全球合作網路；關於人工智慧的全球治理，應充分總結並交流經驗，以有效應對技術革命帶來的失業、貧富差距拉大、智慧犯罪以及可能的戰爭威脅；同時還需要反對恐怖主義，搭建人道主義危機的協商救援平台。

國際社會只有在人工智慧戰略規劃、政府職能轉變、企業創新、倫理價值建立、安全評估、國際合作與對話、人工智慧跨學科綜合人才培養等多方面聯動，才能妥善應對人工智慧時代新的全球治理需求，最大限度地讓人工智慧為實現人類社會福祉服務。

一方面締結靈活合作安排和約束性承諾，由於人工智慧幾乎滲透到了人類社會的方方面面，其中資訊資源對國家行為體而言至關重要，因而有必要促成國家間合作。人工智慧帶來的技術革新要求，可能導致新的權力不平衡，然而不論是人工智慧研究，還是人工智慧與人類之間的互動，都是新時代的產物，這也讓人工智慧時代的國際合作難以從過往經驗中學習或借鑑。

有鑑於此，有必要建立旨在推動人工智慧治理的新國際組織，透過靈活合作安排，締結國際條約，尋求共識、彌合分歧，建立一種更具約束性的國際合作框架。

另一方面是建立國際安全合作機制，當人工智慧技術與資料採擷運用於軍隊和作戰，顯然與國家安全緊密相關，這與國家主權利益相

互交織，關乎未來戰爭與國際衝突的管控，因此人工智慧的軍事安全應用勢在必行。

從長遠來看有力的集體監管和執行機制，亦可能有利於抑制國家在人工智慧軍事化領域的投機行為和單邊衝動（一旦各國執意就此展開人工智慧軍備競賽則可能引發國際衝突）。同時如上提到人工智慧治理尤其是政府政策，也會產生明顯的外部性，對其他國家造成影響。因此高度制度化和組織化的約束性立法、爭端解決機制、執法權威等建立，將可能有助於推進全球人工智慧治理。

全球人工智慧治理的一般路徑，需至少考慮新的立法和規則建立，繼續推進人工智慧研究與開發，應對國家安全風險，並盡可能確保社會公眾對人工智慧的接受度，透過國際對話、協調與合作來促進人工智慧系統的良好應用和良性發展來增進人類福利。

人工智慧使人類社會駛向不確定性的未來，適時建立人工智慧倫理治理準則，有助於其行穩致遠。要知道人工智慧的前景並不完全由技術決定，從純粹的技術角度，毫無疑問人工智慧將會有非常大的發展。但是技術被用來做什麼，卻是制度不可回避的問題，只有給予技術以人性的角度發展社會才能有溫度，這對於助推一個人工智慧時代的崛起而言，既是必要性更是迫切性。

中美角逐，合作以共贏

9.1 ▸▸ 中美關係走進第三個三十年

中美關係走進第三個三十年，中美關係是世界上最複雜也是最重要的雙邊關係之一。

冷戰後以來，美國成為全球唯一的超級大國，但今時今日以中國為代表新興國家的群體性崛起，對美國全球霸權造就了客觀影響，中國的全球領導力持續增強，美國的全球領導力在下降。

2019 年 2 月 28 日，著名的美國蓋洛普（Gallup）民意調查公司發佈了一項對 2018 年世界性大國美、中、德、俄全球範圍內的領導地位的看法的民調，其受訪者來自全球 133 個國家。

受訪者民調結果顯示：德國以 40% 位列第一，這也是德國十年來首次跌破該數值；中國位列第二，為 34%，是十年來最高值；美國位列第三，為 31%，比上一年高一個百分點；俄羅斯排第四，略低於 30%，幾乎與美國相等。報告認為，「中國的領導地位在大國競爭中獲得了更大的優勢」。

中國從改革開放以來，經歷了 40 餘年的高速發展，已經成為繼美國之後第二大經濟體，中國追趕並超越美國之勢越發明顯，中國的持續穩步發展在美國朝野上下引起了深度關切。美國國內一致認為，中國是美國霸權地位最有可能的挑戰者，國際社會也普遍認為，中國和美國是國際體系的挑戰國與霸權國的關係。

當下的世界，已經是一個全球化、一體化、多元化的世界，也是一個綜合國力為上、科技為王、大國競爭的複雜世界。中美關係的複

雜性和重要性，也給人工智慧時代下人工智慧的發展與治理帶來了更多不確定性和想像空間。

第一個三十年和第二個三十年

2020 年，是從 1949 年至今中美關係經歷的第三個三十年。

第一個三十年在冷戰和朝鮮戰爭的背景之下，中美處於兩個陣營的對壘之中，中美雙方在冷戰期間爆發了慘烈的熱戰。

一是朝鮮戰爭，1950 年 6 月朝鮮戰爭爆發後，美國將戰火燒到中國東北邊境的鴨綠江畔，並且不時派飛機進入過中國東北境內挑釁，中國被迫反擊，於 1958 年 10 月派遣志願軍與朝鮮人民軍並肩作戰，先後有 240 萬志願軍將士入朝與美國率領的 16 個國家軍隊進行浴血奮戰，迫使美國在 1953 年簽署停戰協議。

二是越南戰爭，1964 年到 1973 年，美國在越南戰爭中先後共投入 54 萬多部隊，在死亡 5 萬 8 千多人、傷 10 多萬人之後，悻悻離開了越南，越戰期間中國派遣了 30 多萬部隊赴越參戰，但越南戰爭中，中國沒有像朝鮮戰爭那樣直接參與戰爭行動，主要幫助越南訓練軍隊、保障後勤以及制定作戰方案。

中美的敵對在 1972 年發生了緩和，1972 年尼克森訪華，中美關係正常化，這是一場影響深遠的外交革命，1979 年中美建交、鄧小平訪美之後，中美兩國的合作終結了東亞冷戰。

第二個三十年是中國改革開放，不斷融入世界經濟的過程，1979年1月1日中美建交，兩國進入了一段注重合作共贏的時期。1979年1月鄧小平訪美，為中美兩國蜜月期的發展奠定了良好基礎。經過磋商兩國在 1982 年聯合發表《八一七公報》，以此為契機，兩國關係進入了後來被廣泛稱為中美蜜月期的良好關係狀態。

這期間中美兩國保持著以合作為主的良好互動，根據蓋洛普民意調查 1989 年初，70% 的美國人對中國有好感或極有好感。

就國際形式來看，兩極轉向多極的國際格局更為凸顯與定型，尼克森總統於 1969 年提出的國際體系「五大力量」之說，即美、蘇、歐、中、日在國際上日益成為顯像，隨著中國加入聯合國並成為五大常任理事國之一，中國的地位和作用在國際上越發不可忽視。

與此同時，中國逐漸走出了文化大革命時期外交失序的局面，國內局勢穩定、經濟開始較快發展，在外交政策上堅持獨立自主的同時，開啟改革開放大幕、積極融入國際社會，尤其積極發展對美關係，引入資本主義先進技術和管理經驗大力發展生產力，2001 年中國加入 WTO，實現了經濟爆炸性增長。

在第二個三十年中，中美之間也發生了一些看起來很難處理的危機，但這是單一議題下的危機，雙方也有進行危機管控的意願，雙方元首和高級官員能夠在比較短時間裡管控和化解危機，進而形成了中美關係「鬥而不破」的態勢。但總的來說第二個三十年的中美關係裡，中國不斷加入和融入到美國主導的經濟秩序之中，實現了全球實力和地位的攀升。

鬥而不破，對抗升級

2008 年金融危機之後中美關係進入了調整階段，在過去 10 年的震盪之後，中美關係進入了第三個三十年，然而在進入第三個三十年後，尤其是以川普的上臺為標誌，美國把中國視為對手並進行打壓呈現了一種加速和加強的狀態。

儘管在第二個三十年裡，美國也曾短暫把中國當成「競爭對手」，並且在系列問題上為難著中國，但相比而言中國在小布希執政時期（2001.01-2009.01），雖然發展很快，但是中國經濟實力仍不強。在 2000 年時，中國的 GDP 僅有 12113.46 億美元，而美國則達102874.79 億美元，中國的 GDP 相當於美國的 11.78%。2008 年中國 GDP 上升至 46005.89 億美元，美國為 147185.82 億美元，中國 GDP 為美國的 31.26%。

到川普上臺前的 2016 年，中國 GDP 已經達到了 111947.52 億美元，美國為 18624475 億美元，中國 GDP 達到了美國的 60.11%。這種發展態勢引起了美國的高度警惕和擔憂。按照這樣的發展速度，到 2030 年左右中國 GDP 總量就會超過美國成為世界第一，這也讓美國壓制中國的動機十足。

從歷史來看二戰結束以來，美國的最終消費品市場的開放就成為美國經濟權力的來源，東亞模式的成功在很大程度上，也是建立在這樣的國際經濟分工結構基礎上。在金融、貨幣、軍事、技術等非常封閉的領域上，一旦美國認為競爭對手正在趕超，就會採取綜合性手段進行打壓，上世紀 80 年代日美經濟戰不僅是因為日本 GDP 總

量的提升，更是因為日本在某些技術領域，如半導體領域呈現出的強勁的追趕態勢。

在歐巴馬執政後期，美國國內對中國的態度已經發生了變化，川普上臺後美國則在行動上一步步加強了對應措施。

2017 年美國的《國家安全戰略報告》中，就將中國定位為首要戰略競爭對手，之後的印太戰略更是確定了在各個領域，對中國展開遏制和打壓的「路線圖」。2018 年 8 月 13 日川普簽署了 2019 年度《國防授權法案》，將俄羅斯和中國再次定義為「戰略競爭對手」，提出要制定「全政府對華戰略」以應對中國。

儘管赴美留學的中國學生還是處於增長的狀態，但自 2015 年以來赴美留學的中國學生已經逐年放緩。根據公開資料 2017-2018 學年，中國大陸學生留學美國總人數為 363,341 人，相對於 2016 至 2017 年增長了 3.6%；2018-2019 學年中國大陸學生留學美國高校總數為 369,548 人，相比 2017~2018 年增長了 1.7%。

訪問學者也變得不是那麼確定，拒簽率增加了兩三倍，事實上人員交流背後承載的不僅是知識和技術，也有兩國的民心交流，企業之間的合作和人員交流不應該變成國家安全的議題，也不能以國家安全的名義進行阻斷。在「脫鉤」的視野之下，中美之間的巨量貿易、頻繁的人員交流，從兩國關係的橋樑變成了戰略競爭的內容。

此外不斷升級的貿易戰、技術戰更是動搖了經貿關係——這一維繫中美關係長期平衡的壓艙石，將中美關係推到如履薄冰的境地。在經過兩年多不斷升級的緊張局勢後，2020 年 1 月中美雙方在美國

華盛頓簽署《中華人民共和國政府和美利堅合眾國政府經濟貿易協定》，但中美關係未能因這份協議暫時鬆一口氣，突發的新冠肺炎疫情久將中美關係推入更加艱難的處境。

面對一種急劇蔓延、危及全球的大規模傳染疾病，抗擊新冠病毒疫情並未成為中美關係激化趨勢的緩衝劑，雙方摩擦矛盾不斷，病毒來源、汙名化以及應對模式等方面，成為中美之間的主要爭論和重要分歧所在。

可以說 2020 年初新冠病毒疫情的爆發，為川普政府進一步施壓和脫鉤提供了新能量，在現實層面擴大並加深了中美分歧，加劇了兩國政府層面的政治互疑，加深了民間層面的相互憎惡情緒，原本已經如履薄冰的中美關係迅速雪上加霜。

2020 年 3 月開始疫情在美國開始迅速蔓延，中美之間關於病毒來源的爭論不斷升級，美國國務卿龐培歐一方面肯定中國提供醫療物資，但又公開聲明美國確定新冠病毒源自中國。4 月 21 日密蘇里州成為美國第一個就中國應對新冠疫情的方式提起訴訟的州，儘管在法理上要求中國負責的難度很高，在財務上獲得賠償的可能性極低，但中國在美資產或將面臨風險。

中美的關係問題一再升級，大國之間如何和平競爭重新成為一個話題，中美之間氣氛的毒化無疑嚴重阻礙了雙方合作，也打擊了全球信心，但是越是在這樣膠著緊張的局勢下，越更應該關注求同存異的聲音。

雖然把中美關係定義為戰略對手關係，在中美關係上產生了重要影響，但值得肯定的是，中美關係尚並沒有因此失控，仍然有著競爭中有合作、合作中有競爭、合作大於競爭的態勢。

兩國對抗與衝突的巨大代價，又同時面臨共同的全球問題挑戰，因此以共贏主義為關係理念和價值原則的合作共贏關係，應當成為今後兩國關係的一種共同的價值體系與共同的文化信仰，形成牢不可破又雙方都得益的利益共同體和責任共同體。對照現實儘管當下有些晦暗，但我們總能做出正確的選擇，我們應該做得更好才是。

9.2 ▶ 人工智慧上演中美角逐

科技實力既是綜合國力的核心標誌，也是國家發展潛力的重要體現。當前人工智慧，已經成為中美兩國競爭的著力點。

作為一種變革性技術人工智慧是現代工業發展的產物，具有推動產業革新，提升經濟效益和促進社會發展的巨大潛力。正是具備主導技術發展和推動社會形態轉變的基本潛質，人工智慧不僅被視為未來創新範式的「技術基底」，更是被世界各國視為推動新一輪科技革命和產業變革的關鍵力量。

縱觀歷史，每一次科技革命、產業革命及軍事變革的耦合與互動，都深刻影響乃至重塑了全球競爭格局。在人工智慧的全球博弈中，中美兩國作為領先大國，成為人工智慧發展最為矚目的兩個國家，中美兩國對於人工智慧高地的搶佔，更關係著未來國際格局的重塑和全球人工智慧的治理。

 美國領先，中國跟進

2019 年美資訊技術與創新基金會（ITIF）的資料創新中心曾發佈百頁研究報告《誰將在人工智慧角逐中勝出：中國、歐盟或美國？》，對中、美、歐人工智慧發展現狀進行比較測算——美國以 44.2 分領先，中國以 32.3 分位居第二，歐盟則以 23.5 分位居第三，美國的人工智慧領先地位彰顯無疑，中國則以追趕之勢跟進。

美國之所以能夠佔據人工智慧全球領先地位，與人工智慧在美國的發展密切相關，1956 年人工智慧正式在美國誕生，卡內基梅隆大學、麻省理工學院、IBM 公司成為美國最初的 3 個核心人工智慧研究機構。

60 年代至 90 年代初，美國人工智慧相關程式設計語言、專家系統等已取得重大進展，產品化方面取得重要成就。1983 年世界第一家批量生產統一規格電腦的公司誕生，同時美國開始嘗試應用 AI 研究成果，如利用礦藏勘探專家系統 PROSPECTOR 在華盛頓發現一處礦藏。

同期的中國，人工智慧才剛進入萌芽階段，1978 年中國科學大會在北京召開，科學事業思想解放為中國人工智慧產業發展提供基礎；同年，「智慧模擬」被納入國家研究計畫，中國人工智慧產業在國家層面的推動下正式發展。

從研究成果來看，美國在人工智慧方面的研究成果在全球處於領先地位，根據全球最大的引文資料庫 Scopus 的檢索結果，2018 年

美國共發表了 16,233 篇與人工智慧有關的同行評審論文，論文數量的快速增長主要發生在 2013 年。儘管同期中國和歐盟的人工智慧論文數量也有類似的快速增長，並且每年發表論文的數量明顯超過美國，但就論文品質而言，美國人工智慧論文的品質一直大幅度領先於其他地區。2018 年美國平均每篇論文被引用的次數為 2.23 次，中國為 1.36 次，美國每個作者被引用的次數也比全球平均水準高出 40%。

尤其是在深度學習領域，美國的發表論文數量遠超過其他國家，2015 至 2018 年共在預印本文庫網站 arXiv 發表了 3078 篇相關論文，是中國同期的兩倍。近幾年美國每年取得的人工智慧專利數量更是佔到全球總量的一半左右，專利引證數量佔到全球的 60%。

在關鍵技術上，美國的研究成果依舊居於世界領先地位，在電腦視覺領域，Google 和卡內基梅隆大學開發的 Noisy Student 方法對圖片進行分類的 Top-1 準確率達到 88.4%，比 6 年前提高了 35 個百分點；在雲端基礎設施上訓練大型圖像分類系統所需的時間，已經從 2017 年的 3 個小時減少到 2019 年的 88 秒，訓練費用也從 1112 美元下降到 12.6 美元。

從產業發展來看，根據中國資訊通訊研究院資料研究中心的《全球人工智慧產業資料包告（2019Q1）》研究報告，截至 2019 年 3 月底全球活躍人工智慧企業注達 5386 家，僅美國就多達 2169 家並遠超過其他國家，中國大陸達 1189 家，排名第三的英國則為 404 家。

從企業歷史統計來看，美國人工智慧企業的發展也早於中國 5 年，美國人工智慧企業最早從 1991 年萌芽、1998 進入發展期、2005 後開始高速成長期，2013 後發展趨穩。中國人工智慧企業則誕生於 1996 年、2003 年產業進入發展期，在 2015 年達到高峰後進入平穩期。

美國公司在專利和主導性人工智慧收購方面表現強勁，像是在 15 個機器學習子類別中，微軟和 IBM 在 8 個子類別中申請了比其他任何實體公司都更多的專利，包括監督學習和強化學習類。美國公司在 20 個領域中的 12 個領域的專利申請處於領先地位，包括農業（強鹿公司）、安全（IBM 公司）以及個人設備、電腦和人機互動（微軟公司）。

人才儲備是美國在人工智慧得以領先的又一關鍵原因，人工智慧產業的競爭可以說，就是人才和知識儲備的競爭，只有投入更多的研究人員，不斷加強基礎研究，才會獲得更多的智慧技術。

美國研究者顯然更關注基礎研究，其培養體系扎實、研究型人才優勢顯著。具體來看在基礎學科建設、專利及論文發表、高端研發人才、創業投資和領軍企業等關鍵環節上，美國都已形成了能夠持久領軍世界的格局。

根據 MacroPolo 智庫的研究，在報告所圈定的頂級人工智慧研究人才中，59% 在美國工作而中國佔了 11%，與美國有四五倍的差距，剩下的人工智慧人才則分佈在歐洲、加拿大和英國，人才差異顯而易見。

 追趕，還是超越？

儘管美國在研究成果和人才儲備上具有先發優勢，但中國作為後起之秀，在政策的引導和寬鬆的應用環境下，正以追趕之勢加快跟進美國人工智慧產業的發展。

Oxford Insights 比較了各國政府對人工智慧的準備狀況，將美國政府排在位於新加坡、英國和德國之後的世界第四位，美國在創新能力、資料可獲得性、政府的人工智慧化水準、勞動力技能、新創公司數量、數位公共服務和政府效能等關鍵指標上都位居世界前列。

雖然這項排名將中國排在世界第 20 位，認為中國的最大弱勢為基礎研究落後，相對優勢是政府重視高科技發展、資料豐富且監管較為寬鬆以及工程師的數量增長較快。但可以看到的是經過多年的累積，中國已在人工智慧領域取得了一系列重要成果，形成了自身獨特的發展優勢。不論是頂層的設計還是研發資源的投入，亦或是產業的發展，都呈加現快追趕的態勢，甚至在部分人工智慧核心技術領域已與美國比肩，儘管欲見成效仍需時日，但中國已經成為美國最擔心的競爭對手。

美國國會研究局 2019 年的報告明白無誤地表達了這一觀點：「人工智慧市場的潛在國際競爭對手正在給美國製造壓力，迫使其在軍事人工智慧的創新應用方面展開競爭⋯迄今為止，中國是美國在國際人工智慧市場上最雄心勃勃的競爭對手。」

台灣 PWC 會計師事務所也曾報告：在人工智慧時代，就技術發展或國家實力而言，沒有其他國家可以追趕美國或中國，而美國和中國都無法獨佔這一領域或脅迫對方。到 2030 年人工智慧為全球經濟帶來的 15.7 萬億美元的財富中，美國和中國將佔 70%，兩國在人工智慧方面的獨特優勢將推動這兩個國家的發展，其他國家很難望其項背。這些優勢包括世界一流的專業研究知識、深厚的資金、豐富的資料、支援性的政策環境以及競爭激烈的創新生態系統，目前在全球涉及人工智慧的公司中，約有一半在美國運營，1/3 在中國運營。

從頂層設計來看，中美有近乎相仿的重視程度，美國和中國政府都已經把人工智慧的發展上升至國家戰略，推出發展戰略規劃，從國家戰略層面進行整體推進。

早在 2016 年 10 月，歐巴馬政府就發佈了兩份與人工智慧發展相關的重要文件，即《國家人工智慧研發戰略規劃》和《為未來人工智慧做準備》，中國政府也在 2017 年 3 月將「人工智慧」首次寫入全國政府工作報告，並於同年 7 月發佈《新一代人工智慧發展規劃》，人工智慧全面上升為國家戰略。

美國人工智慧報告體現了美國政府對新時代維持自身領先優勢的戰略導向，作為最大的發展中國家，中國也在戰略引導和專案實施上做了整體規劃和部署，美國和中國都在國家層面建立了相對完整的研發機制，推進其整體人工智慧的發展。

從研發資源的投入來看，美國政府對研發的資金投入相對不足，縱向來看在過去的幾十年中，聯邦政府用於研發的支出佔國內生產總值（GDP）的百分比從 1964 年的 1.86% 下降到 2018 年的 0.7%。

美國聯邦政府的年度財政赤字已超過 1 萬億美元，累積的政府債務相當於 GDP 的 107%。這些因素都會限制美國政府對人工智慧及其相關基礎研究的長期資金投入。

橫向上看，美國政府對研發的投入正在被中國和歐盟追趕，美國在全球研發投入中所佔的份額從 1960 年的 69% 下降到 2016 年的 28%，2000-2015 年美國只佔全球研發投入增長的 19%，而中國佔到了 31%。2019 年 8 月 31 日上海宣佈設立人工智慧產業投資基金，僅首期就投入了 100 億元人民幣，最終規模將達到千億元人民幣，美國聯邦政府的投資相形見絀。

從產業發展來看儘管中國 AI 產業基礎層整體實力較弱，少有全球領先的晶片公司，但各大廠商正加快佈局追趕，包括百度、阿里、騰訊及華為等廠商在基礎層軟硬體的加快佈局。

對於技術層來說中國企業則發展勢頭良好，百度、阿里、騰訊和華為等綜合型廠商在電腦視覺、自然語言處理、語音辨識等核心技術領域均有佈局，同時創業獨角獸在垂直領域迅速發展。

人工智慧應用場域多元化，中國人工智慧企業已在教育、醫療、新零售等領域實現廣泛佈局，金融、醫療、零售、安防、教育、機器人等行業亦有為數較多的人工智慧企業參與競爭。

與此同時，與美國相比中國在發展人工智慧方面具有兩個重要優勢。

一方面中國人工智慧生態系統的管理體制與美國截然不同，美國是一個強市場、弱政府的國家，美國歷次技術革命更多的是由科技企業或機構主導，政府在產業發展中起到的作用歷來有限。對中國而言，政府在經濟中發揮著重要作用，在國家政策大力支持下自上而下引導的轉型更容易實現，政府加強全社會協作與資源分享，將有可能全面佔據資訊科技的制高點，成為人工智慧技術領域的引領者。

另一方面，中國的資料收集難度和資料標記成本較低，更容易建立大型資料庫，這是人工智慧系統運作必不可少的基礎。根據一項估計到 2020 年，中國有望擁有全球 20% 的資料份額；到 2030 年中國擁有的全球資料份額將可能超過 30%。

可以說大數據優勢是中國發展人工智慧的重要優勢，人工智慧技術發展需要有大量的資料累積進行訓練，中國較為完備的工業體系和龐大的人口基數，也使得中國人工智慧發展在資料累積方面優勢明顯。

人工智慧的未來難以預測，但可以看到世界的競爭格局將因人工智慧而改變，在巨變的時代裡，只有透過創新發展以人工智慧為代表的新一輪戰略前沿技術，成為新競賽規則的重要制定者、新競賽領域的重要主導者、新競賽範式的重要引領者，才能制勝未來而不是隨波逐流。

9.3 ▶ 戮心同力，競合治理

隨著中國快速發展成為國際體系中在美國之後的大國，中美戰略競爭態勢顯得越發不可避免，中美關係的發展既有大國競爭規律的內在影響，也有時代發展趨勢的制約，作為世界上最複雜也是最重要的雙邊關係，中美關係的起伏波動越來越影響到國際秩序狀態和世界形勢發展。

當前以人工智慧為代表的人類科學技術發展，正把人類帶向一個先進發達但同樣難以預測的世界。

一方面正如俄羅斯總統普京所說，人工智慧關係到國家未來，誰能掌握它誰就能脫穎而出，進而獲得巨大競爭優勢，人工智慧對於提升國家的經濟實力、軍事實力等具有重要意義，關係到新一輪國際博弈中能否取得競爭優勢，也推動著國際體系結構的變遷。

另一方面人工智慧也給全球治理帶來非傳統的安全挑戰，一是原有的全球問題在人工智慧時代更趨複雜化甚至尖銳化，二是人工智慧本身可能帶來新的全球問題，這兩方面的問題，不只是人工智慧本身的問題，也是人工智慧與國際政治結合所帶來的系列問題。

在這樣的背景下，中美既面對人工智慧角逐帶來的矛盾深化，又面對人工智慧帶來全球治理的安全挑戰，競爭與合作成為未來中美關係發展主體路徑。因此無論從理論還是實踐、從歷史還是現實、從國內還是國際、從爭鬥到和平的角度，中美關係都已經站在了新的關口，如何善於把握與利用機遇，如何從合作中獲取更大利益，成為中美關係發展的戰略選擇。

 人工智慧深化中美矛盾

隨著人工智慧的發展，中美的矛盾正在逐步加深。

從軍事與安全的矛盾來看，美國布魯金斯學會的兩名學者認為，在軍事領域存在最大的誤判風險，事實上出於對技術安全性的考慮，各國對人工智慧的軍事化應用普遍採取較為謹慎的態度，國際社會也呼籲限制人工智慧的軍事化應用，防止人工智慧武器的擴散與不負責任的使用。人工智慧的軍事化應用也不會局限於某類單一的武器或作戰平台，而是會廣泛應用於各個軍事領域，擁有技術優勢的一方將在戰略判斷、策略選擇與執行效率等多個方面獲得絕對優勢，技術劣勢方卻難以用數量優勢或策略戰術等其他手段進行中和或彌補。

在這樣的背景下，中美關係面臨著嚴重的安全困境，每一方採取的行動都會使另一方感到不安全，並推動它們採取對策手段。隨著人工智慧技術越來越多地整合至武器系統中，這種安全困境可能會更加明顯，導致雙方使創新國有化並限制其透明度，以尋求超越對方的優勢。

從科技發展矛盾來看，當下人工智慧發展浪潮興起的重要背景之一，是跨國企業推動面向全球的產業分工與科技交流達到了較高的程度。以中美企業之間的產業分工合作為例，在華為公佈的 2018 年核心供應商名單（共 92 家）中，儘管部分企業因受到美國禁令的影響暫停向華為供貨，但仍有 33 家美國供應商入選，其佔比依舊位列第一，在蘋果公佈的 2018 年前 200 大供應商名單中，中國企業佔比為 47.6%（中國大陸公司為 41 家），並還在持續增加。

由於美國致力確保全球人工智慧的領先地位，以至於採取了一系列打壓他國的措施，這一戰略安排極易誘發「科技冷戰」，豎起新的科技「柏林牆」，即各國在人工智慧及其相關技術領域盡可能採取保護行為，技術、投資以及人才流動等推動技術發展的國際合作，甚至可能面臨被全面限制的風險。

從地緣政治衝突的加劇來看，作為大國競爭的重要技術之一，人工智慧不可避免地與地緣經濟競爭和政治問題相聯繫。美國方面普遍認為，人工智慧技術可能成為加劇中美之間意識形態競爭的工具，特別是當一方或雙方利用此類技術來干涉另一方的國內政治事務時，就像一些人認定的俄羅斯在2016年對美國大選所做的干預那樣。

國情不同導致各國人工智慧發展模式有著較大差異，各國發展階段不同，對人工智慧發展的需求也不同，在人臉辨識的資料獲取、使用和處理上，中國、美國、歐盟等各方存在較大分歧。歐盟最為強調對個人數位隱私的保護，美國也高度關注人臉辨識對個人隱私權的影響，中國作為後發國家對人臉辨識技術的監管則較為寬鬆。然而不同的發展模式和利益訴求往往導致國家之間衍生一系列分歧，由此科技行業變得更為分裂、競爭度更高。

合作的可能與合作的必然

在百年未有之大變局的時代裡，人工智慧作為新一輪科技革命和產業革命的核心技術，對於全球發展的重要性不言而喻，人工智慧的

發展與應用的不穩定性也加劇了技術風險管控的難度，為全球治理帶來新的挑戰。

首先，人工智慧的高生產力也意味著高營收性，馬雲認為「人工智慧將徹底改變人類就業模式」，人工智慧作為引領未來的高新技術，最具創新能力和創業經濟的國家顯然更具優勢，人工智慧不僅能卓越地代替人的勞動，還能創造出巨大物質財富，同時也會促進一個國家的社會綜合治理水準、經濟創新發展效率、國防安全建設等。這意味著，財富積蓄方式與速度以及國際力量對比，將會出現更為明顯的分歧，即富國愈富、強國愈強、窮國愈窮、弱國愈弱，進而產生更多的財富不均和不公平不義的情況，滋生更多的對抗與衝突及恐怖主義等，這為全球治理帶來的更大的不確定性和治理難度。

其次人工智慧的高執行力也意味著高破壞力，如層出不窮的新式武器和網路病毒等，具有人的身體條件無法達到的快速反應能力和不知疲倦的行動力，既給各國執行任務帶來了好處，但也有可能被一些勢力所利用，進而給國際社會帶來嚴重安全危害，甚至可能會給整個人類社會帶來災難。儘管世界能在出現明顯危機時找到相應的解決辦法，但造成的危害或可能造成的危害，卻會耗費大量的人力、物力和財力，使全球治理各類成本顯著增加。

最後人工智慧的高智慧性也意味著高政治性，先進的人工智慧賦予技術擁有者突出的額外優勢，機器人工業、基因編輯、自動駕駛、智慧金融、智慧城市、大數據處理、自然語言處理、圖像辨識、智慧軍事系統等人工智慧的蓬勃發展，改變了國家的核心競爭力、經濟社會及產業發展，並改變諸多領域的權力結構。

權力結構本身就是政治的遊戲和政治的籌碼，不斷地鞏固和追求權力是國家對外戰略與政策的核心動機，在國際關係領域，人工智慧將從領域層面、制度層面和思想層面產生重要影響，這些影響直接作用於全球治理的主體與客體，進而影響全球治理的成效。

同作為人工智慧技術發展和應用的大國，中美兩國在人工智慧的發展中發揮著極為重要的作用，雙方也都擁有其他國家無法複製的獨特優勢，如何防範或消減人工智慧技術進步對全球可持續發展及戰略穩定的負面影響，需要中美兩國的通力合作。

事實上，人工智慧領域的競爭並非絕對的零和博弈，各方之間存在合作開發與互惠互利的一面，中國在實驗型研究與成果應用上相對領先，美國則在基礎研究與前沿技術探索方面更為領先，雙方存在廣闊的合作空間。當然在人工智慧發展中，雙方的原則立場、利益訴求和政策主張存在差異和分歧並不意外，關鍵在於如何理性地看待現有的分歧，有效地管控潛在的衝突。

為此中美兩國理應深入思考、攜手合作，就人工智慧在安全和經濟領域的應用展開正式對話，促進人工智慧研發的透明度，推動其有益成果在全球範圍內實現合理分配，最大限度地避免可能導致災難性衝突的大國競爭局面，力促形成合理、良性的競爭與合作關係。

正如基辛格所言，中美兩國是在技術、政治經驗和歷史方面最有能力影響世界進步與和平的國家，以合作的方式解決雙方存在的重要問題，將是中美兩國對世界和平與進步的共同責任。

9.4 ▸ 從美蘇核競賽到中美人工智慧合作

在全球化、一體化、多元化的當前，人工智慧對國際安全和全球治理帶來的挑戰日益凸顯。在這樣的背景下，中美作為人工智慧大國，對於人工智慧的競爭與合作，關乎中美兩國關係走勢，關乎中國能不能順利實現「兩個一百年」奮鬥目標，關乎美國的霸權地位與美國全球角色的發揮，也關乎世界和平發展與繁榮進步。

從歷史來看，二戰以後，在對衝突與戰爭的深刻反思基礎上，國際上許多國家一同建立了以聯合國為核心的國際爭端解決機制，建立了國際貨幣基金組織、世界銀行、世貿組織等重要專業性國際組織。同時民族獨立運動蓬勃發展，國際關係民主化、國際秩序規則化、國際政治透明化越發顯得突出，更好地合作而不是更強硬競爭的大國關係受到普遍的認可。

中國國家主席習近平在《俄羅斯報》曾發表《銘記歷史，開創未來》的文章中也指出，「和平而不是戰爭，合作而不是對抗，共贏而不是零和，才是人類社會和平、進步、發展的永恆主題」。面對人工智慧引發的新的全球焦慮，中美作為人工智慧大國，在競爭中合作、在合作中競爭、合作大於競爭，合作走向共贏是未來大趨勢。

核競賽時代的競爭與合作

大國關係是硬幣的正反兩面，在不同時期呈現出不同關係狀態，既有合作性，也有競爭性，既可能成為盟友，也可能成為敵人。

二戰期間，以雅爾達會議為中心的安排和構想形成了雅爾達體系，雅爾達體系旨在大國協調與合作共治，確立了戰後國際秩序與全球治理的基本框架，美國和西方作為主導國際秩序的重要力量，在其中發揮重要作用。作為國際社會對世界和平與安全的全球治理機制，雅爾達體系對於戰後國際秩序作了符合國際發展趨勢的安排，在建立初期有效地抑制了大國的激烈競爭。

然而二戰後遺症的巨大慣性，對戰後國際秩序產生了重要影響，美蘇兩強不可調和的權力和利益矛盾以及敵對的意識形態，使得大國競爭的那面依舊不可遏制地凸顯出來，從 1945 年前後雅爾達體系的形成，到 1989 年東歐劇變雅爾達體系的解體，美蘇關係一直是二戰後 45 年來影響國際關係的主線，並且對世界格局的形成和演變有著決定性的影響。

雅爾達體系下的美蘇兩極格局，從 40 年代後期到 80 年代中期，經歷了冷戰緩和以及一定程度的冷戰交錯的演變，美蘇力量的消長對世界格局的變化具有影響深遠。40 年代後期到 60 年代末，美蘇兩極格局的主要表現形式為冷戰共處，美處戰略進攻態勢，但攻中有守，蘇處戰略防衛態勢，但守中有攻。

核軍備競賽就是美蘇競爭中合作，競爭大於合作的體現，冷戰期間美蘇兩國圍繞爭奪核優勢展開激烈的較量和競爭，從追求核武器的爆炸當量，發展到追求核武器的精度和小型化，將核武器的威力提高到接近極限的程度。

同時為了避免爭奪核優勢的過程中發生迎頭相撞，使這種較量和競爭在不危及各自安全的情況下「穩定」地進行下去，並維護雙方相對於其他國家的核優勢和壟斷地位，美蘇兩國也進行了一系列的軍控談判。以爭奪核優勢為主要目的競賽以保證競爭的「穩定」，以及雙方優勢地位為目的的核軍備控制的互動和交織，導致雙方核武庫規模的消長。

1945 年 7 月 16 日，美國第一枚原子彈爆炸成功，使其成為第一個掌握核武器的國家，取得壟斷地位。面對美國核威脅的嚴峻局面、為打破美國的核壟斷，蘇聯加緊研製核武器，並於 1949 年 8 月打破美國原子的壟斷，此外蘇聯在繼 1949 年打破美國原子壟斷後，又率先掌握了熱核武器技術，兩國的相互威懾的態勢得以形成。

由於忌憚核武器的毀滅性力量，兩國的政策中都出現了有限的「緩和」聲調，赫魯雪夫上臺後提出了「和平共處」、「和平競賽」、「和平過渡」的「三和」路線，艾森豪政府則提出了「和平取勝」戰略，主張與蘇聯對話、談判，改善與蘇聯的關係，從全面冷戰對抗轉向既對抗又緩和。此後無論是蘇聯的布里茲涅夫還是美國的甘迺迪、艾森豪政府都把「緩和」作為美蘇關係政策中的一個要素。

1953 年 12 月，美國總統艾森豪在聯合國大會發表了著名的演說「原子能為和平」（Atoms for Peace），提出成立國際原子能機構（International Atomic Energy Agency，IAEA），要求各國向該機構捐獻核材料，原子能機構制定將核能用於和平目的（農業、醫療、發電等）的措施，艾森豪的演說最終催生了國際原子能機構的成立。美蘇以及其他生產核材料的國家就國際原子能機構的章程進

行了長時間的談判，談判的關鍵是該機構對置於其支配下的核材料的控制權，以及該機構有無權力視察非軍用材料的雙邊或者多邊協定，各方最終於 1956 年 10 月達成妥協，透過了國際原子能機構《規約》（IAEAStatue），次年《規約》生效，國際原子能機構宣告成立。

國際原子能機構是全球治理核安全的最初制度性安排，根據《規約》國際原子能機構有三個工作支柱：一是保障與核查，根據各國締結的法律協定，核實各國核材料和核活動只用於和平目的，並對此保障視察；二是安全與安保，包括制訂安全標準、安全規範以及安全導則，幫助成員國適用這些標準、規範和導則；三是科學與技術，包括對衛生、農業、能源、環境和其他領域中的核應用提供技術和研究支援。

1962 年，加勒比海地區發生了震驚世界的古巴導彈危機，由於 1959 年美國在義大利和土耳其部署了中程彈道導彈，雷神導彈和朱比特導彈，蘇聯為了扳回一城，野在古巴部署導彈。古巴導彈危機是冷戰期間蘇美兩大國之間最激烈的一次對抗，雖然僅僅持續了 13 天，但蘇美雙方在核按鈕旁徘徊，卻使人類空前地接近毀滅的邊緣。

古巴導彈危機使美蘇雙方都深刻地意識到，避免核戰爭是絕對的重中之重，接受敵對政府的存在是明智的，古巴導彈危機也是催生核禁試協議產生的因素之一。隨著危機的解決，美蘇之間於 1962 年 12 月開始確立在兩國首都建立熱線聯繫，甘迺迪和赫魯雪夫不斷交換信件，加快禁止核子試驗的談判步伐。

不久後，美、蘇、英在莫斯科恢復談判，1963 年 8 月 5 日，三國代表在莫斯科簽署《禁止在大氣層、外太空和水下進行核子試驗的條約》，即《部分核禁試條約》。《部分核禁試條約》對於減少人類環境的核污染，緩和美、蘇對抗和國際緊張局勢方面，具有一定的意義。

然而美國政府的緩和政策受到了國內越來越多人的反對，加上在安哥拉、中東等地區問題上的衝突，兩國關係的緩和氣氛受到嚴重影響，1979 年隨著蘇聯入侵阿富汗和雷根上臺後推行對蘇強硬政策，兩國關係再度趨於緊張，軍備競賽不斷升級。

20 世紀 80 年代中期米哈伊爾・戈巴契夫執政，在他的「政治新思維」指導下，不但對國內政策上做了重大調整，戰爭觀、戰略思想也有了系列變化，提出了「足夠防禦」的原則，在只需保持「合理夠用」的核力量下，不需要追趕美國每一項軍事進展。在這種思想指導下，蘇聯核武器儘管仍保持發展，但無更多的新型號部署，蘇聯的核力量基本定型。

與此同時，戈巴契夫制定了許多核軍備控制提案，接受與美國不均衡地消除中程核力量的《美蘇中導條約》，對於蘇聯的調整和變革，美國予以了必要的回應，雷根執政後期一改拒不與蘇聯對話的做法，恢復與蘇聯對話談判。

終於，以美蘇為核心的東西方關係由對抗轉向對話，由緊張對立轉向緩和與合作，雙方先後達成了《美蘇中導條約》、《美蘇關於銷毀和不生產化學武器協定》、《歐洲常規武裝力量條約》、《美俄第二階段削減戰略武器條約》等多個裁軍條約或協議。

美蘇兩國擁有的大量戰略武器，是維繫冷戰時期東西方關係平衡的重要因素，核戰爭的代價遠超出人們的想像，核戰爭不僅導致雙方大量戰鬥人員的傷亡，並模糊了士兵與非戰鬥人員的界限，可以說核戰爭是交戰雙方都不能單獨獲勝的戰爭。

但在兩極對抗的年代裡，以聯合國為核心、大國共治的雅爾達體制，儘管受到美蘇對抗的嚴重掣肘，沒有體現出應有的明顯效應，但是兩國依然在聯合國框架下，進行了一定程度的合作，雅爾達體制仍然發揮了一定程度的作用。這對人工智慧盛行時代的國際關係格局的發展演變具有重要的現實意義，對防範經濟全球化環境下可能引發的地區衝突，以及人工智慧帶來的國際安全挑戰具有一定的歷史借鑑意義。

👆 人工智慧時代的競爭與合作

國際合作有其「變」與「不變」，所謂「變」是國家間相互關係隨時間與條件而發生變化，包括對手關係、依附關係、盟友關係、夥伴（競合）關係以及在經貿、科技、安全等領域的關係。所謂「不變」，則是國家間合作的基本要素不變，例如商業貿易、人員往來、醫療健康、科技教育以及共同面對的問題與挑戰等。

相較於核競賽時代，大國博弈的角色發生了變化，從美蘇的核競賽轉向中美的人工智慧角逐，「變」的是實力、目的與關係形式，「變」的是權力配置；「不變」的是合作要素，「不變」的是國家間合作的基本要素，是新型國際關係下的相互尊重、公平正義和合作

共贏，面對人工智慧帶來的國際安全和全球治理的挑戰，合作是中美兩國唯一正確選擇。

中美協調軟治理

促進人工智慧全球治理的最重要途徑，就是與時俱進調整大國協調共治理機制，二戰後形成的雅爾達體制，是西方大國主導的全球治理機制，在冷戰後逐步滯後於全球治理發展的需要，只有中、俄、印等新興大國與原來老牌大國共同合作，共同應對全球問題挑戰，治理才更具有合法性，也才更有針對性。

對於當前國際社會來説，完善全球治理的最根本途徑就是改善大國協調途徑與方式，隨著中國、俄羅斯、印度、巴西等國日漸發展與崛起，無論客觀上還是主觀上，這些國家都需要在全球治理中比過去發揮更大作用。全球治理和國際秩序演進的歷史和現實都表明，對中美兩國而言，管控分歧、求同存異、公平互利、合作共贏才是開闢更美好未來的正道。

國家關係本質上是人民之間的關係，兩國合作的根本動力與現實目的在於對人民的互惠互利，也就是説個人利益仍主要由國家來保障，任何全球治理機制最終都要落實到國家層面。從前幾次工業革命與國家的關係來看，如果不能良好處理爭奪技術主導權問題，那麼最終導致的結果就很有可能是國家間的戰爭。

在第四次工業革命的發展過程中，美國是規則定義者，中國則是新興力量，因此美國把中國作為重要的競爭對手加以遏制，在近年來

的中美貿易爭端中表現得極為明顯。中美貿易爭端的實質就是科技的競爭，美國希望利用中美貿易爭端來阻止中國在新一輪技術革命中獲得定義權，美國若仍用傳統的冷戰思維來看待當前問題，最終必然導向衝突，這一點在第一次世界大戰前英國對待德國的態度中就有所體現。

要跳出這種思維，就需要在新的框架下一同將中國和美國的力量結合起來，共同為人類的科技進步和發展貢獻力量，事實上，美蘇的冷戰思維在大數據時代的集中體現就是資料民族主義。

在資料民族主義者看來，資料只有被儲存在自己國家境內才會安全，現階段這種觀念越來越多地被各國的決策層所採納，並整合進各國和資料相關的法律和政策中。針對資料民族主義，就需要各國就人工智慧在全球治理中的適用形成一系列公約，中美在這個過程中，理應深入思考、攜手合作，推動公約的建立和執行。

美國學者約翰・弗蘭克・韋弗（John Frank Weaver）在《機器人是人嗎》一書中建議，各國應該就人工智慧與國家責任、國家主權、自導導行器、智慧財產權、監控以及武裝衝突等相關內容形成一系列國際公約。韋弗指出國家間應該起草多邊協定，以確定人工智如何影響國家主權，確定何種程度的無人機監視是可以允許的，以及確定在武裝衝突中人工智慧做什麼。

這種多國合作強調的正是——各國間的協調不僅要建立在具有固定規則和約束性承諾的國際公約基礎上，更要提供一些靈活的軟治理框架，例如自願基礎上的非對抗性、非懲罰性的合規機制。

東盟的地區治理方式就以其包容性、非正式性、實用主義、便利性、建立共識和非對抗性談判而聞名，與「西方多邊談判中的敵對姿態和合法決策程式」形成鮮明對比。關於氣候變化的《巴黎協定》也是如此，它們代表了一種新的全球治理形式，因此未來在人工智慧領域的多國合作，能有更多以軟治理的形式展開。

 推動人工智慧成果合理分配

中美應在通用人工智慧的發展問題上達成共識，推動其有益成果在全球範圍內實現合理分配。

一方面，中美兩國有責任助力實現人工智慧在全球治理和國家治理之間達成平衡，要想實現平衡，需要在全球層面形成人工智慧相關的協調機制，並與國內制度形成積極良性的互動。目前涉及人工智慧的國際規則主要由西方發達國家的企業或機構來推動制定，這意味著，從全球層面整體考慮全球性人工智慧治理機制是缺位的，因此，一步需要發達國家和發展中國家共同推動機制建設。

此外，全球治理最終還是要回到國家治理的框架中，在國際社會中國家仍然是最重要的行為體，多數與個人福利、安全保障相關的關鍵問題最終都要由國家來解決。在國家治理層面，最為關鍵的問題是如何透過人工智慧的技術和產業發展提高各國（特別是發展中國家）的國家治理能力，進而在根本上消除引發全球性問題的國內根源。

另一方面，透過人工智慧巨大的賦能能力，發展中國家的弱勢群體可以有更多的機會來改善自身條件，但這個過程則需要中美推動人工智慧有益成果的合理分配。事實上，只需要用一種更加公平的方式來分配未來的增長，問題就會迎刃而解，從這一意義上説，智慧化應當是多數全球性問題的優化解決方案。

比如許多發展中國家飽受水資源短缺的困擾，透過有效的智慧化水資源管理，可以使這一問題得到有效解決，對於發展中國家而言，最大的問題是社會傳統對管理活動的影響，智慧化方案可以在智慧系統和設備的輔助下，將社會傳統的影響降到最低，進而有效應對一些歷史頑疾。

因此，應當把人工智慧作為解決全球性問題的重要方案和思路來加以推進，人工智慧的最大優點是可以極大地節省人力資源，聯合國和其他國際組織在第三世界國家執行相關任務時，最大難點就是人力資源缺乏，人工智慧可以在這方面發揮重要的補充作用。

開發可解釋的人工智慧

從弱人工智慧走向通用人工智慧的過程值得各大國的警惕，人工智慧不能一勞永逸地解決所有問題，尤其是通用人工智慧的開發，可能會導致人類存在的意義受到挑戰。

馬克思在《1844 年經濟學哲學手稿》中指出：「人類的特性恰恰就是自由有意識的活動。」這種「自由有意識的活動」正是人的本質，人的主體性需要在實踐活動中加以確認和體現，人透過生產勞

動改變了自然界的存在形式，實現了人類的構想和目標，進而將自然界置於自己的主體控制之下，成為自然界的主人。然而人工智慧異化的問題在於，人的主體性和實踐性受到了根本挑戰。

因此中美兩國應促進人工智慧研發的透明度，在通用人工智慧的開發上形成共識，總結出哪些類型的通用人工智慧是可以開發的，哪些是不可以開發的。要對通用人工智慧的類型以及整體發展後果進行充分評估，特別是應該對更高等級的通用人工智慧即超（高）級人工智慧的開發保持足夠警惕，因為這很可能會衝擊人類的意義世界。

也就是說，要將可解釋的、安全的人工智慧作為未來發展方向。人工智慧學者阿米爾・侯賽因（Amir Husain）認為，要推進人工智慧的發展，設定高標準的安全性和可解釋性標準迫在眉睫。

當前的人工智慧浪潮主要歸功於機器學習中的深度學習演算法，深度學習以資料為基礎，電腦自動生成的特徵量。深度學習不需要人為設計，是由電腦自動獲取高層特徵量，典型的深度學習模型就是深層的神經網路。對於人工神經網路模型而言，提高容量的簡單方法就是增加隱層的數量，隱層數量增多，相應的神經元連接權、閾值等參數就會增加，模型的複雜度也會隨之提高。深度學習強調資料的抽象、特徵的自動學習以及對連接主義的重視，然而深度學習缺少完善的理論。

在深度學習的應用實踐中，工程師需要手工調整參數，才能得到一個較好的模型，但同時工程師也無法解釋模型效果的影響因素，換

言之由於大量內部參數的不可解釋性，深度學習本身存在演算法黑箱，因此可解釋人工智慧的發展就成為關鍵。與深度學習的路徑不同，知識圖譜則利用實體鏈指、關係抽取、知識推理和知識表示等方法，其有希望推動可解釋的人工智慧的發展突破。

9.5 ▸ 為人工智慧全球治理提供中國智慧

如今人工智慧時代的國際格局初具雛形，在未來的幾年，美國和中國的數位帝國極有可能會主導國際地緣政治。

2030 年，中國將實現在《新一代人工智慧發展規劃》中的目標，即在理論、技術與應用總體達到世界領先水準，成為世界人工智慧創新的中心，而美國仍會是人工智慧、乃至科技領域的引領者。經濟實力上，中國和美國的差距將進一步縮小，甚至實現經濟地位的逆轉，在軍事實力上，中國也正快速追趕美國。

在這樣時代背景下，中國作為一直以來負責任的大國和發展中國家的重要代表，有責任推動人工智慧的安全、和平、公平利用，管控人工智慧的良性發展，並使成果惠及廣大發展中國家。

🖱 合作以共贏

自古以來，中華民族就是一個愛好和平與共同發展的民族。

中華民族都宣導「以和為貴」、「協和萬邦」、「天人合一」、「和合相生」、「天下大同」，主張「各美其美，美人之美，美美與共，天下

大同」，認識到「大河有水小河滿，小河有水大河滿」。在長達五千多年的中華文化中，在薪火相傳的民族文化特質中，中華民族都展現了對和平的堅定主張與追求。

其中「和」是中國文化中一以貫之之道，是中國人文精神的生命之道，「和」思想包含著中國人對自然、對世界、對人類等和諧共生的思考，中國的「和」文化，既是相處之道，也是合作之基。

和平是發展的基礎，和平是合作的前提，中美兩國和平相處，對於促進兩國相互合作、推進兩國各自及共同利益、維護世界和平發展穩定局勢，具有重要意義。冷戰後中美之間「和則兩利」體現在諸多方面，中美在投資、貿易、教育、文化、衛生等諸多領域展開相應合作，取得了實實在在的益處。

從美國方面來看，美國成為唯一的全球超級大國，打通了全球市場，美國居於主導地位，美國在海灣戰爭、反恐戰爭、阿富汗戰爭、伊拉克戰爭中，中國都表示了一定的支持或默認，在朝核問題、伊核問題、氣候治理等問題上，中國都給予了美國一定的支持與配合。從中國方面來看，美國從中國進口大量貨物，對華最惠國待遇與人權問題脫鉤，支持中國加入世貿組織，不反對或預設中國、聯合國和國際貨幣基金組織等國際組織中發揮更大作用，都對中國蓬勃發展產生了積極作用。

在新世紀全球化時代，中美建立合作共贏新型大國關係，是新時代中美兩國發展態勢所決定的，不僅符合中美兩國人民根本利益，符合時代發展趨勢，也有利於國際秩序轉型與全球治理體系變革的順

利進行。習近平指出，「實現中美不衝突不對抗、相互尊重、合作共贏，是中國外交政策的優先方向。」其中不衝突不對抗是前提、相互尊重是基礎、合作共贏是目標，這三方面內容是中美新型大國關係的核心內容。

面對人工智慧時代，想要實現共贏，就需要在共識和規則基礎上理性公平競爭以及更好地合作。中美作為世界上綜合實力最強的兩個大國，沒有相互合作就難以有效推進全球治理，即使是美國這樣強大的國家，也不可能獨自去解決問題，只有大國協調合作，才能逐步朝著解決問題的方向發展，在一些事關全球利益的重大突發性問題上，才能得到有效抑制或解決。

事實證明並將繼續證明，合作是中美兩國唯一正確選擇，中美只有合作才能共贏，只有中美共贏，世界才會共贏。

🖰 堅持共同安全，促進共同發展

在人工智慧安全上，普遍安全是最大的安全，共同安全是最好的安全，沒有安全穩定就沒有和平發展，沒有持續安全就沒有持續發展。

一方面，針對人工智慧技術發展可能導致的國際公共安全、社會貧富差距過大等問題，中國政府應呼籲國際社會加強對人工智慧技術發展風險的監控。並積極向聯合國相關組織提交議案，宣導建立人工智慧開發過程中應遵循的技術管理框架和倫理規範，並與國際社會一道合作管控開發風險，與控制核武器開發類似，嚴格控制人工智慧的開發、應用領域，建立國際公約，避免給人類帶來災難性後果。

好比說積極參與對致命性自主武器系統的國際管控談判，管控人工智慧武器的開發和部署，確保關鍵軍事決策權是由人類來掌握而非透過機器，堅決反對完全自主武器系統、限制人工智慧武器的濫用和擴散，維護國際社會的穩定；推動並建立各國之間有效溝通機制，避免誤判；並推動成立一個類似國際原子能機構、旨在促進合作、可靠及和平利用人工智慧技術的國際組織，賦予其對成員國人工智慧武器系統發展進行監管的權力；賦予聯合國安理會以強制執行權；與此同時，中國應做出一定的承諾和表率，來確立自己的道德立場和原則。

另一方面，中國還應當積極參與人工智慧技術標準和發展原則的國際討論之中，確保人工智慧的發展「以人為中心」，而非犧牲人類的利益。尤其是在中國發展人工智慧的過程中，更應關注人工智慧的道德倫理問題，開發有益的人工智慧，正確利用人工智慧，反對惡意利用；中國應當領導推動人工智慧全球統一標準的制定工作，制定有利於中國及廣大發展中國家的相關標準。

最後，中國作為發展中國家的代表，應當以「一帶一路」倡議為平台，對發展中國家提供技術、資金和教育支援，並在國際社會為發展中國家爭取援助，幫助其適應人工智慧時代，縮小國際社會的「數位鴻溝」、「技術鴻溝」和「財富鴻溝」，比如支持人工智慧技術在「一帶一路」倡議沿線國家推廣應用，提升資料流程通安全性、加強網路空間治理、擴大大數據應用。

以高科技企業雲從科技為例，作為中國國內人工智慧領域的佼佼者，2018 年 3 月，該企業率先與辛巴威簽署戰略合作框架協定，

為中國人工智慧產業和技術以「一帶一路」倡議為契機走向非洲首開紀錄。

新時代下中國參與全球人工智慧治理，既要努力搶佔高新技術研發的制高點，又要注重漸進發展和長期投入，建立人工智慧時代的新型國際關係，而不僅限於新型大國關係，建設人工智慧領域的人類命運共同體，以妥善應對人工智慧時代全球治理的舊難題與新挑戰。

後記

中美攜手的人工智慧
時代將造福地球

後記 ▶ 中美攜手的人工智慧時代將造福地球

當前所出現的中美對抗，其實是一種正常的發展現象，因為中國與美國之間的文化差異比較大，美國做為現代化科技主導的國家，其所經歷的歷史相對短暫。在歷史上以美國為首的國家曾經對一些潛在的挑戰國家，比如日本、俄羅斯等國都發起有效的壓制策略，並在一定的程度上都非常有效，中國因為其在經濟總量上所取得的規模成就，以及經濟總量所帶來的一些外交策略可能讓美國感覺到了一些威脅。

當然更關鍵的原因可能在於中美兩國之間的文化差異太大，誰想改變誰都很困難，但現實角度來看，中國確實與美國曾經的對手不太一樣，其核心原因在於中國這個國家的文化，中國是人類現存不多的一個古文化國家，上千年的文化與文明沒有斷代過，幾經波折的王朝更替都沒有讓這個古老的國家與民族消亡。

因此從某種意義上而言，中國是一個有著強大文化基因與生命力的國家，這種強大的，根深蒂固的文化基因是把雙刃劍，因為其很頑強，就很難被改造，甚至包括一些劣根性的問題都會很頑強的保留、延續下來，這也給現代化治理的中國政府帶來了大量的治理內耗，以及改革重新的阻力。

客觀而言，美國一些政客與其耗費精力在改變中國，或者說打壓、壓制中國，或者說瓦解中國的層面上，不如將更多的精力花在如何與中國更好地打交道、合作共贏，和氣生財。因為從中國這個古老的國家發展來看，經歷了上千年，經歷了不同的文化與王朝，期間

多次經歷外來文化統治最龐大的漢文化族群，最終都沒能改變、瓦解、消滅這個國家，反而是被強大的漢文化所同化與改變，這是歷史的現實。但同時由於中國是一個中庸文化的國家，以及其古老文化所導致的一些觀念問題，導致這個國家治理比較複雜，也不會有野心去對外擴張，或者是想領導世界。

這其中除了剛才所討論到的，中國以華夏文化為主體的中庸思想之外，其中還有另外兩個原因使得中國沒有對外擴張，或者說領導世界的想法。其中一個原因是，儘管中國的經濟總量已經佔據了全球第二，甚至有一天可能在經濟總量上會超越美國成為第一，但中國依然只是個世界工廠，其財富大部分是依靠中低端的批量化生產製造，以及不完善的勞動力和福利制度所換取回來的，還不具備成為科技創新工廠的實力與能力；另外一個原因則是中國龐大的人口數量，儘管 2020 年中國的 GDP 達到了 15.58 萬億美元，佔到了美國 GDP 的四分之三，但中國的人均 GDP 卻只有 1.1 萬美元，只有美國的六分之一。

隨著中國現代化教育的不斷推進，以及不斷的有龐大規模的學生出國留學之後，中國國民的群體素質與社會福利意識必然會不斷提高。中國需要不斷的提高支出以改善民生與國民的社會福利，這必然會耗費大量的財政；其三則是中國老齡化問題日趨嚴重，年輕一代已經形成了不願意生的文化與意識，這一方面是曾經的計劃生育政策導致，另外一方面則是貧富差距的加大，以及社會福利的不健全，導致國民的生活成本與壓力增大，生育動力已經大幅下滑，那麼龐大的老齡化社會必然會遏制中國經濟的活力與發展動力。

相比較於中國，美國有其非常顯著的優勢，就是制度、體制、教育、金融、法制、規則、人才等方面的諸多優勢，唯一的短缺就是沒有像中國那種深厚的歷史文化沉澱。當然美國的民主體制面對當下不斷擴大的貧富差距，以及網路科技帶動下的價值觀衝擊，包括種族歧視的加劇也讓美國社會出現了不同程度的內捲化。面對正在到來的人工智慧時代，中美之間面臨著競爭的局面，這種競爭是因為人工智慧技術決定著下一個時代，或者說下一階段科技實力的關鍵，那麼此時的中美應該如何來處理兩國之間的關係，並造福於全球，在我看來中美應該攜手合作，而不是分化對抗。

從美國的角度來看，其具有中國難以複製、效仿的優勢，不論是從智慧財產權的保護、全球頂級人才的吸收、科技創新的活力、創新型人才的培養、資本市場的活力、開放自由平等的社會規則等層面，都遙遙領先於中國。因此美國要做的不是將過多的精力耗費在擔心中國在人工智慧領域的發展層面，而是要更多的自信，將精力放在發展本國的人工智慧技術層面。

不可否認的是中國是一個龐大的應用市場、商業市場，美國需要的是一方面專注於本國關於人工智慧技術的研發；另外一方面只需要推動中國在智慧財產權保護層面走向國際化、開放化、透明化、法制化，就能在最大程度上保障美國的研發創新，並可以獲得可觀的商業價值。

客觀而言，中國真正的創新型人才隊還沒有規模化，中國目前的人才培養方式還不能勝任與適應中國的創新型國家戰略，教育改革不夠徹底。因此美國只需要繼續發揮其自由開放的精神，吸納全球的

人才，並藉助於強大的金融市場，以及政府的引導支持，就能在人工智慧的技術研發層面領先於中國，領先於世界。透過與中國的合作，將其技術輸出來獲得中國龐大的商業市場，這對於美國而言是最佳的選擇，對於中國而言，也是一種好的選擇，中國可以鼓勵本國企業進行人工智慧領域的創新，並且可以獲得次級商業市場。正如在中國的手機市場一樣，蘋果佔據著高端的用戶市場，但中國本土的小米依然可以透過差異化的技術來獲得次級市場，小米為了提升產品的性能，在關鍵核心技術層面依然需要採購與依賴於美國的先進晶片技術，人工智慧的時代也將如此，核心在於解決中國的智慧財產權保護問題。

顯然，中國近幾年已經有非常強大的動力去推動法制的規範，以及智慧財產權的保護，因為智慧財產權保護的薄弱也深深的制約著中國本土的科技創新能力。拋開政治層面的意識形態，就商業層面而言，就技術與人類發展層面而言，人工智慧是不可阻擋的趨勢，人類的商業也將會圍繞人工智慧而展開與重建。中美的攜手，以強大的技術與龐大的商業市場相結合，將在最大程度上造福於這個世界，造福更多的國家。

MEMO

MEMO

MEMO

讀者回函

讀者回函

感謝您購買本公司出版的書，您的意見對我們非常重要！由於您寶貴的建議，我們才得以不斷地推陳出新，繼續出版更實用、精緻的圖書。因此，請填妥下列資料(也可直接貼上名片)，寄回本公司(免貼郵票)，您將不定期收到最新的圖書資料！

購買書號：   **書名**：

姓　　名：＿＿＿＿＿＿＿＿＿＿＿＿＿＿＿＿＿＿＿＿＿＿＿＿

職　　業：□上班族　　□教師　　　□學生　　　□工程師　　□其它

學　　歷：□研究所　　□大學　　　□專科　　　□高中職　　□其它

年　　齡：□10~20　　□20~30　　□30~40　　□40~50　　□50~

單　　位：＿＿＿＿＿＿＿＿＿＿＿　部門科系：＿＿＿＿＿＿＿＿

職　　稱：＿＿＿＿＿＿＿＿＿＿＿　聯絡電話：＿＿＿＿＿＿＿＿

電子郵件：＿＿＿＿＿＿＿＿＿＿＿＿＿＿＿＿＿＿＿＿＿＿＿＿

通訊住址：□□□ ＿＿＿＿＿＿＿＿＿＿＿＿＿＿＿＿＿＿＿＿＿

＿＿＿＿＿＿＿＿＿＿＿＿＿＿＿＿＿＿＿＿＿＿＿＿＿＿＿＿＿

您從何處購買此書：

□書局 ＿＿＿＿＿　□電腦店 ＿＿＿＿＿　□展覽 ＿＿＿＿＿　□其他 ＿＿＿＿＿

您覺得本書的品質：

內容方面：　□很好　　　　□好　　　　□尚可　　　　□差

排版方面：　□很好　　　　□好　　　　□尚可　　　　□差

印刷方面：　□很好　　　　□好　　　　□尚可　　　　□差

紙張方面：　□很好　　　　□好　　　　□尚可　　　　□差

您最喜歡本書的地方：＿＿＿＿＿＿＿＿＿＿＿＿＿＿＿＿＿＿＿

您最不喜歡本書的地方：＿＿＿＿＿＿＿＿＿＿＿＿＿＿＿＿＿＿

假如請您對本書評分，您會給(0~100分)：＿＿＿＿＿＿ 分

您最希望我們出版那些電腦書籍：

請將您對本書的意見告訴我們：

您有寫作的點子嗎？□無　□有　專長領域：＿＿＿＿＿＿＿＿＿

歡迎您加入博碩文化的行列哦！

請沿虛線剪下寄回本公司

Give Us a Piece Of Your Mind

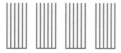

221

博碩文化股份有限公司　產品部

台灣新北市汐止區新台五路一段112號10樓Ａ棟

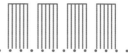

DrMaster

深度學習資訊新領域

http://www.drmaster.com.tw

博碩文化

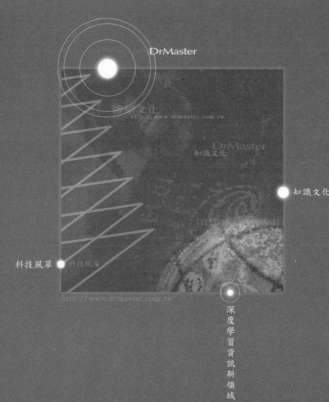

DrMaster

http://www.drmaster.com.tw

知識文化

DrMaster

知識文化

科技風華

http://www.drmaster.com.tw

深度學習資訊新領域

DrMaster

深度學習資訊新領域

http://www.drmaster.com.tw

博碩文化

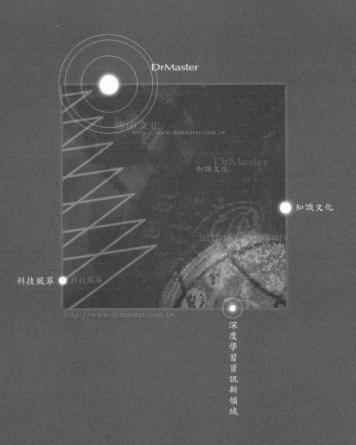

DrMaster

http://www.drmaster.com.tw

知識文化

知識文化

科技風華

深度學習資訊新領域